· 有趣的科学法庭 ·

冰与郁金香

[韩] 郑玩相　著

牛林杰　王宝霞　等译

9

生物法庭

科学普及出版社

· 北京 ·

作者简介

郑玩相

郑玩相，1985年毕业于韩国首尔大学无机材料工学系，1992年凭借超重力理论取得韩国科学技术院理论物理学博士学位。从1992年起，在国立庆尚大学基础科学部担任老师。先后在国际学术刊物上发表有关重力理论、量子力学对称性、应用数学以及数学·物理领域的一百余篇论文。2000年担任韩国晋州MBC"生活中的物理学"直播节目的嘉宾。

主要著作有《通过郑玩相教授模式学到的中学数学》，《有趣的科学法庭·物理法庭》（1～20），《有趣的科学法庭·生物法庭》（1～20），《有趣的科学法庭·数学法庭》（1～20），《有趣的科学法庭·地球法庭》（1～20），《有趣的科学法庭·化学法庭》（1～20）。还有专门为小学生讲解科学理论的《科学家们讲科学故事》系列丛书：《爱因斯坦讲相对论的故事》、《高斯讲数列理论的故事》、《毕达哥拉斯讲三角形的故事》、《居里夫人讲辐射线的故事》、《法拉第讲电磁铁与电动机的故事》等。

生活中一堂别开生面的科学课

"生物"与"法庭"似乎是风马牛不相及的两个词语，对大家来说，也是不太容易理解的两个概念。虽然如此，本书的书名中却标有"生物法庭"这样的字眼，但大家千万不要因此就认为本书的内容很难理解。

虽然我学的是与法律无关的基础科学，但是我以"法庭"来命名此书是有缘由的。

本书从日常生活中经常接触到的一些棘手案件入手，试图运用生物学原理逐步解决。然而，判断这些大大小小事件的是非对错需要借助于一个舞台，于是"法庭"便作为这样一个舞台应运而生。

那么为什么必须叫"法庭"呢？最近出现了很多像《所罗门的选择》（韩国著名电视节目）那样，借助法律手段来解决日常生活中的棘手事件的电视节目。这类节目通过诙谐幽默的人物形象、趣味十足的案件解决过程，将法律知识讲解得浅显易懂、妙趣横生，深受广大电视观众的喜爱。因而，本书也借助法庭的形式，尽最大努力让大家的生物学习过程变得轻松愉快、有滋有味。

读完本书后，大家一定会惊异于自己的变化。因为大家对科学的畏惧感已全然消失，取而代之的已是对科学问题的无限好奇。当然大家的科学成绩也会"芝麻开花节节高"。

此书得以付梓，离不开很多人的帮助，在这里，我要特别感谢给我以莫大勇气与鼓励的韩国子音和母音株式会社社长姜炳哲先生。韩国子音和母音株式会社的朋友们为了这一系列图书的成功出版，牺牲了很多宝贵的时间，做出了很大的努力，在此我要向他们致以我最诚挚的感谢。同时，我还要感谢韩国晋州"SCICOM"科学创作社团的朋友们对我工作的鼎力协助。

郑玩相
作于晋州

目录

生物法庭的诞生

从前有一个叫作科学王国的国家。这里生活着一群热爱科学、崇尚科学的人们。在这个国家周围，有喜爱音乐的人们居住的音乐王国，有喜欢魔术的人们居住的魔术王国，还有鼓励工业发展的工业王国，等等。

虽然科学王国的每个公民都十分热爱科学，但由于科学的范围广泛，所以每个人喜欢的科目和领域不是很一样。有的人喜欢数学，有的人喜欢物理，还有的人喜欢化学。然而在生物这个神奇的领域，科学王国公民的水平实在是令人不敢恭维。如果让农业王国的孩子们与科学王国的孩子们进行一场生物知识竞赛，农业王国的孩子们的分数反而会遥遥领先。

特别是最近，随着网络在整个王国的普及，很多科学王国的孩子们沉迷于网络游戏，使得他们的科学水平降到了平均线之下。同时自然科学辅导和补习班开始风靡于整个科学王国。在这种漩涡中，一些没有水平、实力和资格的自然科学老师大量出现，不负责任地向孩子们教授一些不正确的自然科学知识。

在生活中到处都有生物的影子，然而由于科学王国的人们对生物知识的缺乏，由生物相关问题所引发的争议也持续不断。因此科学王国的博学总统召集各部部长，专门针对生物问题，召开了一次集体会议。

总统有气无力地说道："最近的生物纠纷如何处理是好啊？"

法务部部长自信满满地说："在宪法中加入生物部分的条款怎么样？"

总统皱了皱眉，有些不太满意："效果会不会不太理想？"

生物部部长提议说："那设立一个新的法庭来解决与生物有关的纠纷怎么样？"

"正合我意！科学王国就应该有个那样的法庭嘛，这样，一切问题就迎刃而解了。嗯……就设立个生物法庭吧。然后再将法庭的案例登载到报纸上，人们就能够分清是非对错，和谐相处啦。"总统终于露出了欣慰的笑容。

"那么国会是不是要制定新的生物法呢？"法务部部长对这个决定似乎有些不满。

"生物是我们生活的地球上的一种自然存在。在生物问题上，每个人都会得出同样的结论，所以生物法庭并不需要新的法律。如果涉及银河系的其他案子或许会需要……"生物部部长反驳道。

"嗯，是啊。"总统似乎已经拿定了主意。

就这样，科学王国很快成立了生物法庭来解决各种生物纠纷。

生物法庭的首任审判长是著有多部生物著作的盛务通博士。另外，法庭还选出了两名律师：一位是名叫盛务盲的四十多岁男性，不过，他虽然毕业于生物专业但对生物知识却只是一知半解，可以说是一个生物盲；另一位是从小就荣获各种生物竞赛一等奖的生物天才BO律师。

这样一来，科学王国的人们就可以通过生物法庭妥善地处理各种生物纠纷了。

与鲜花和叶子有关的案件

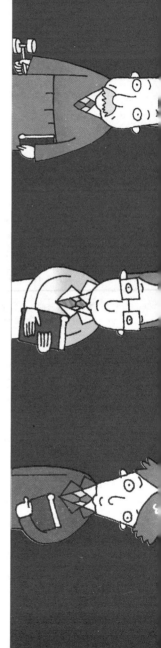

彩色的叶子

彩色的叶子

**如果在植物的叶子上套上彩色塑料袋，
植物会怎么样呢？**

走进案件

"金美妮，准备下一个登台。"现场直播节目《我擅唱歌》的导演对金美妮喊道。

金美妮平时就对服装搭配师很挑剔，这是大家都知道的。尽管快到上台时间了，她还是不停地数落着服装搭配师："天呐，这条丝袜是怎么回事？太土了，就不能找一双优雅一点儿的吗？"

"衣服上的小饰品掉了！你没长眼睛吗？快点给我粘上去！"

"廉价珍珠！这是谁拿过来的呀？不知道我经常戴蓝宝石吗？"

服装搭配师们虽然对金美妮很不满，但是一句牢骚话也不敢说，只是默默地听着并尽力满足她的要求。

服装搭配师中有一个刚来不到一个月的女孩，叫付提草。金美妮看着她的穿着突然说道："我可是第一美女歌手金美妮啊！要想成为我的专属服装搭配师，怎么也得穿得有品位点是不是？啧啧，真是太土了，以后要穿得有品位点，知道吗？"

付提草的自尊心一向很强，被金美妮这么一说，马上就受不了了。于是她拉住了准备登台演出的金美妮。

"啊，有事儿吗？我现在必须上去啊。"

"稍等一下，你的丝袜上好像粘了点儿东西。"

付提草假装给金美妮整理丝袜，其实是在上面戳了一个洞。

"好了。"

"谢谢啦，我得赶快上去了。"金美妮急急忙忙地上台了，完全不知道自己的丝袜上有一个很大的洞。

舞台演出很成功，但是第二天排在网站检索首位的却是"金美妮有洞的丝袜"。这件事源于一个网民。他看了金美妮的舞台演出，拍下了一段视频传到了幽默网上，于是这段视频很快就在网上火了。

金美妮非常生气，绝对不会善罢甘休："谁在我的丝袜上戳了一个洞？我穿的时候还好好的呢。不对，我上台之前……马上把付提草给我叫过来！"

付提草去找金美妮的时候，心里特别紧张。事实上，她当时只是很生气，顺手就在金美妮的丝袜上戳了一个

彩色的叶子

洞，完全没有想到事态会变得这么严重。

"你对我就应该像对上帝一样，怎么能对我做出如此气人的事情来呢？"

"我只是……因为当时您的丝袜上粘了一点儿东西……"

"别撒谎了，就是你在我的丝袜上戳了一个洞！你说这件事应该怎么处理？"

"对不起。"

"说一声对不起就行了？你马上给我滚出公司！"

付提草就这么被赶了出来。她向其他公司申请服装搭配师的职位，可是由于金美妮暗中作梗，没有一个公司愿意要她。

付提草找不到工作，感到很绝望。她低垂着头，步履沉重地走在大街上。突然间一股清香扑鼻而来，她抬头发现，正前方有一家花店。门口刚好贴着一张招聘女员工的广告。

"在花店工作也不错嘛，进去看看吧。"

付提草走进星星花店，花店老板热情地迎接了她。

"我是来应聘的，听说你们要招一名女员工。"

"你做过这方面的工作吗？"

"没有，但是我给歌手做过一个月的服装搭配师。"

"这么说你很擅长装饰喽。明天开始工作可以吗？"

付提草第二天就去星星花店上班了，主要任务就是装饰鲜花。

"天呐，太漂亮了。花儿即使枯了也舍不得扔啊。"

"花盆也装饰得很炫哦，我在其他的花店里从来都没见过这么好的装饰。即使做礼物也合适啊。"

顾客的称赞声不绝于耳，星星花店的生意特别红火。

"我们的花儿卖得真是太好了。这都多亏了你啊，太谢谢你了。呵呵！"

"哪有啊，那是因为咱们的花儿又鲜艳又漂亮呀。"

"哎哟，谦虚了啊。对了，我要去后拉沃市参加竞卖，我不在的这几天你帮我看一下店吧。花店就拜托你了！"

老板出差了，这几天都是付提草在照看店里的生意。

"这是红玫瑰，长得就像舞台上的金美妮一样，连刺儿都长得错落有致。这是水仙花，金美妮演电视剧的时候，用过这个名字呢。"

店里有个女员工把所有的花都比喻成金美妮，付提草听了很不高兴，就训斥了那个女孩。

对于付提草来说，金美妮如果是妖娆的鲜花，她自己就好像陪衬的绿叶一样。她自言自语道："可是店里所有的花都长着绿色的叶子，太单调了。叶子为什么不能像花

彩色的叶子

朵一样，有各种各样的颜色呢？对了，我把它们变成五颜六色的不就好了吗？嘻嘻……"

付提草买来了各种颜色的塑料纸，然后用这些纸把叶子一一包裹起来。这样，叶子就变成五颜六色的了。

"女士们！先生们！你们不觉得绿色的叶子太没劲了吗？星星花店独具匠心，首次引进了一批有着彩色叶子的花。大家快来选购啊！"

路过的人们十分好奇地走进了花店，看到彩色叶子的花和漂亮的花盆都觉得很新鲜。大家都争着购买，不知不觉，店里的植物就都卖光了。

"我的点子果然是最棒的！"付提草为自己的聪明感到自豪。但是没几天就出事了。

"我看着它长得好看就买了，一直好水好肥地伺候着，可最终还是死了。这花的寿命为什么就那么短呢？"

"我买来送给了上司，没想到很快就死了。现在只好看着上司的脸色上班。你说该怎么办吧？"

这样的花买回去后不久就死掉了。所以凡是买了这种花的顾客都找到花店要求赔偿。

"这是因为顾客照顾得不好，不是我的错！"付提草完全是一种推卸责任的态度，顾客们被激怒了，于是将星星花店告上了生物法庭。

　　二氧化碳、氧气、水蒸气等可以通过叶子上的气孔进出植物体，这样，植物就可以呼吸了。如果气孔堵塞，植物就会死掉。

植物为什么死了呢？
让我们一起在生物法庭上弄清楚吧。

生物法庭

审 判 长：审判现在开始。请被告方辩护。

盛务盲律师：星星花店里的花都长着绿色的叶子，付
提草觉得太单调了，就买了很多彩色的
塑料纸套在叶子上。顾客很喜欢这样的
花，于是就买了回去。花是顾客自愿买
的，花枯萎而死也是因为顾客照顾得不
好。所以付提草根本没有理由赔偿啊。

审 判 长：请原告方陈述。

BO 律 师：叶子在植物的生长中发挥着重要的作
用。下面请出证人——天才初中的科学
老师多细胞。

多细胞戴着又厚又圆的眼镜，穿着花花绿绿的衣
服。他对审判长喊了一声"你好"后，突然就像是跳
芭蕾舞一样在原地转圈，并且做起了奇怪的动作。

审 判 长：多细胞先生，快停下，坐到证人席上吧。

多 细 胞：哎呀，对不起了。我一到人多的地方就不自觉地犯这个毛病。呵呵……

多细胞先生挠着头皮坐到了证人席上。

BO 律 师：植物的叶子为什么是绿色的呢?

多 细 胞：因为有一种叫作叶绿素的色素。

BO 律 师：植物里为什么会有叶绿素呢?

多 细 胞：叶绿素是植物中特别重要的一种色素。因为它是植物吸收阳光、制造有机物时必不可少的物质。

BO 律 师：那么用塑料纸套住叶子的话，植物会怎样呢?

多 细 胞：空气无法进出植物体，植物最终会死掉。

BO 律 师：叶子上并没有像人的嘴巴或是鼻子一样的洞啊? 空气是怎么进出植物体的呢?

多 细 胞：植物叶子的背面有很多小洞，叫作气孔。空气就是通过它们进出叶子的。

彩色的叶子

BO 律 师：植物原来是通过气孔呼吸的啊。

多 细 胞：可以这么说吧。植物将进入叶子里的二氧化碳转化为有机物，同时释放出氧气。

BO 律 师：植物和我们反着生活啊！

多 细 胞：不完全是这样的。植物只有在有光的情况下，才能将二氧化碳转化为有机物。而无论是在白天还是在晚上，它都会像我们一样吸入氧气。

BO 律 师：所有植物的气孔都长在叶子的背面吗？

多 细 胞：不是的。根据生活环境不同，有些植物只有叶子的背面有气孔，而有些植物则是叶子正反两面都有气孔。

BO 律 师：植物叶子上有气孔。气体就是通过这些气孔进出植物体的。植物通常会在白天将光和二氧化碳转化为有机物，并释放出氧气。

审 判 长：现在开始宣读审判结果。植物的叶子上有气孔。植物通过气孔吸入需要的气

体，释放出不需要的气体。但是如果用彩色塑料纸套住叶子的话，气孔就会被堵塞，从而导致植物无法正常呼吸，最终死亡。所以我宣布付提草必须赔偿顾客的损失。

审判结束后好长一段时间里，付提草都忙着给顾客赔礼道歉。她差点儿被花店老板辞退，幸亏她擅长装饰鲜花，才勉强被留了下来。

气孔细胞

叶子上有气孔细胞。植物的"蒸腾作用"是在叶子上进行的。"蒸腾作用"指的是水分通过气孔以水蒸气的形态散失到大气中的现象。气孔由两个长得像月牙的保卫细胞构成。保卫细胞一打开，水分就会蒸发，如果植物里的水分太少的话，气孔就会关闭。

美女喜欢蓝玫瑰

美女喜欢蓝玫瑰

改变基因可以把白玫瑰变成蓝玫瑰吗?

走进案件

科学王国里住着一位非常有钱的史夫人。她的兴趣是用玫瑰装饰屋子,特长是对着镜子挤粉刺。今天也是如此,她起床之后一直在照镜子。"天啊!怎么又长痘痘了呢?看来是昨晚睡得不够,所以……这样可不行,我得再睡会儿。"

史夫人说完马上就朝卧室走去。看到她走进卧室后,保姆们凑在一起叽叽喳喳地讨论起来。

"啧啧,牙齿也不刷就又去睡了?早晨也没有洗漱,起来就照镜子……"

"谁说不是呢!长着一张怪物似的脸,还好意思一天到晚照镜子。我就纳闷了,怎么还没把镜子摔了呢。"

"嘿嘿……嘘!她会听到的。我们赶紧打扫卫生吧。得把镜子擦得闪闪发光才行,不然的话又该有麻烦了。"

"真是难以理解,一年到头,甚至连节日的时候都不

怎么洗脸的人，为什么非要把家里打扫得那么干净呢？"

太阳落山了，这时，史夫人才睡醒。她起床后马上抓起镜子，去照那张像癞蛤蟆一样又胖又肿的脸。

"哈哈，睡醒后就是不一样，我的美貌更加光彩照人了！呃，要不去吃幸福的晚餐？"

史夫人慢腾腾地站起来，然后摇摇晃晃地走向厨房。经过客厅的时候，看到花瓶里的玫瑰都枯萎了。

"天呐！我的宝贝儿啊！怎么就干枯了呢？呜呜……"

史夫人哭了好一会儿，这下脸肿得更厉害了。史夫人拿报纸包起了干枯的玫瑰花，把它们埋到了院子里。

"冉拉！"

"哎，夫人！"

"我的宝贝儿们都枯萎了，现在给我弄点儿新的来吧。"

"嗯？"

金冉拉刚来这里不久，所以没有听懂史夫人的话。安白雪是最早来到史夫人家的保姆，看到这个情况，马上小声对金冉拉说道："喂，小笨蛋！我们的史夫人呢，非常喜欢玫瑰花呢，每天都会买玫瑰装饰整个房子。玫瑰枯萎了的话，马上就会再订一批新的来，而且要摆放在同样的

美女喜欢蓝玫瑰

位置。明白了吧？"

"哦，是这样啊。"

"我们是怪物花店的老顾客，你给他们打电话，他们就会把花送过来的。这次该订白玫瑰了。"

听了安白雪的话，金冉拉马上就给怪物花店打电话。

"喂，您好！为您增添幸福的怪物花店，请问您需要点儿什么？"

"您好，那个…… 这，这里是富翁小区史夫人的家，那个，白玫瑰……"

"啊，嗯……。您要的是白玫瑰，对吧？知道了。请稍等片刻我们就会送去。"

刚挂断电话没多久，就听到"叮咚"一声，门铃响了。

"谁啊？"

"怪物花店！"

打开门后，一名怪物装扮的人站在门外。

"嗯，您好！我们怪物花店为了报答顾客第一千次光顾之恩，把花插在了特地从意大利定做的玻璃花瓶里，请您收好。"

"这在我们小区的卖场才卖十几块钱。"金冉拉看着那个玻璃花瓶惊讶地想着。走神的工夫，那个人说完话就嗖的一下消失了。金冉拉拿着那只花瓶走了进来。

"这要放在哪里好呢？放在那边？不行。放在这边？"

她犹豫了好一阵子，最后走进了书房。宽敞的桌子上不知为何多了一个小瓶。

"呃，这又是什么啊？可不可以扔掉呢？呃……"

谨慎愚笨的金冉拉看着这个小瓶苦恼了好一会儿。然后她拿起瓶子摇了摇。瓶子里响起液体晃动的声音。

金冉拉正准备放下瓶子，就在这时，史夫人大声喊着金冉拉的名字进来了。金冉拉吓了一跳，手中的小瓶滑落到花瓶里去了。

"天呐，这可怎么办啊？"金冉拉还没来得及细想，就被史夫人叫进了另一间房。

过了一会儿，史夫人和金冉拉一起走进了书房。

"金冉拉，我的宝贝儿呢？"

"呃，哦，这，这里……"

"啊，我的小宝贝儿们！可是，它们今天怎么怪怪的呢……"

"嗯？什么，哪里奇怪了啊？"

"你来看看这里。都是深蓝色的呢。这是谁干的啊？我一定要抓住她，绝不会轻易饶了她的。"

美女喜欢蓝玫瑰

其实，刚才从金冉拉手中滑落的小瓶里装的是蓝色墨水。可是金冉拉完全不知道玫瑰花为什么会变成蓝色。

"我订的明明是白玫瑰啊……"

"那么，是花店……"

史夫人一边生气地抱怨，一边给怪物花店打电话。史夫人发起火来就像是发怒的犀牛一样，连鼻子里都喷出滚滚热气。

"您好，这里是怪物花店。"

"喂！我是史夫人。我订的明明是白玫瑰，为什么送来了蓝玫瑰啊？"

"蓝玫瑰？我们送去的明明是白玫瑰啊？"

"你们最近都把蓝玫瑰叫作白玫瑰啊？送的是白玫瑰，那我们家插的为什么是蓝玫瑰呢？"

"我们也不知道啊？"

双方争论了好久，然后，怪物花店"啪"地一下就挂断了电话。史夫人这下更生气了，于是把怪物花店告上了生物法庭。

将白玫瑰浸入含有染色剂的水里，白玫瑰就会吸收里面的水，变成染色剂的颜色。这样就可以制造出各种颜色的玫瑰了。

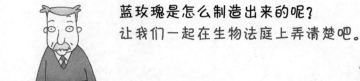

蓝玫瑰是怎么制造出来的呢？
让我们一起在生物法庭上弄清楚吧。

生物法庭

审 判 长： 审判现在开始。请原告方陈述。

盛务盲律师： 原告史夫人订的是白玫瑰，怪物花店
却送来了蓝玫瑰。当原告向花店质问
时，他们却毫无诚意地说不知道。家
里的白玫瑰是不可能变成蓝玫瑰的
呀！所以说，怪物花店在撒谎，他们
送去的其实是蓝玫瑰。

审 判 长： 请被告方辩护。

BO 律 师： 怪物花店送去的是白玫瑰。我们调查
了一下证物，发现花瓶里的水含有蓝
色墨水。我们邀请到了花卉开发专家
李美丽出庭作证。

美女喜欢蓝玫瑰

李美丽坐到了证人席上。她身上穿着草绿色的衣服，头上缠着红色的围巾，噘着的嘴唇上涂着红红的唇膏。

BO 律 师： 介绍一下你现在的工作吧。

李 美 丽： 我正在改良和培育美丽的鲜花。

BO 律 师： 花瓣的颜色为什么不同呢？

李 美 丽： 自然界的生物都含有天然色素，这些色素可以呈现出各种不同的颜色。花瓣里有一种叫作花青素的色素，如果所含的花青素种类不同，花瓣的颜色也不同。

BO 律 师： 蓝玫瑰是天然存在的吗？

李 美 丽： 没有天然的蓝玫瑰。我们看到的蓝玫瑰都是人工制造的。

BO 律 师： 为什么没有蓝玫瑰呢？

李 美 丽： 因为玫瑰里缺少一种可以制造蓝色色素的物质。

BO 律 师： 那么我们买的蓝玫瑰是怎么制造出来的呢？

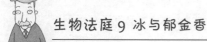

美女喜欢蓝玫瑰

李 美 丽： 把白玫瑰浸入含有蓝色染色剂的水里。水分被白玫瑰吸收的同时，色素也跟着吸入，并附着在花瓣内的组织里。

BO 律 师： 蓝色墨水也可以？

李 美 丽： 可以是可以，但是这样染出来的玫瑰，颜色会比染色剂染出来的要浅。

BO 律 师： 还有没有其他的方法呢？

李 美 丽： 我正在尝试用基因工程学的方法，让花瓣本身带有蓝色，而不是使用色素。

BO 律 师： 具体怎么操作呢？

李 美 丽： 紫罗兰等蓝色花里含有一种使花显蓝色的物质。我们可以把产生这种物质的基因移植到玫瑰里。

BO 律 师： 怎么移植呢？

李 美 丽： 首先把蓝色基因植入细菌里。然后把细菌注入玫瑰植株里。蓝色基因从细菌里结合到玫瑰的基因里。这样就可以产生能使玫瑰花瓣呈现蓝色的物质

了。

🙂 BO 律 师：好难理解啊。能不能讲得简单点儿啊？

👩 李 美 丽：可以把色素基因看作是制造色素的设计图。玫瑰没有制造蓝色色素的设计图。而紫罗兰有这样的设计图。人们就把这种设计图从紫罗兰里取出来，放到细菌里。细菌的作用就是传送这种设计图。玫瑰从细菌那里得到这种设计图后，就可以依照设计图制造出蓝色色素了。

🙂 BO 律 师：虽然自然界不存在蓝玫瑰，但是我们可以用各种人工的方法制造出蓝玫瑰。我们常用的方法就是把白玫瑰浸到含有蓝色染色剂的水里，色素被玫瑰吸收后，附着在花瓣内的组织里。现在人们正在尝试用遗传工程学的方法制造蓝玫瑰。

👴 审 判 长：现在开始宣读审判结果。因为玫瑰里

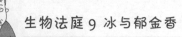

缺少可以制造出蓝色色素的基因，所以自然界中是不存在蓝玫瑰的。但是可以人工制造出蓝玫瑰。如果花瓶里有蓝色的水，那么插入花瓶里的白玫瑰就会变成蓝玫瑰。所以我宣布怪物花店是没有错的。

审判结束后，史夫人又订了一批白玫瑰。她试图找出是谁把白玫瑰变蓝的，可是却没有找到。史夫人觉得蓝玫瑰和白玫瑰放在一起很漂亮，所以决定就那样放着了。

 维管束

维管束是植物体内负责运输水分和养分的通道。它连接着植物的根、茎和叶脉。种子植物和蕨类植物都有维管束，两者统称为维管束植物。维管束里有导管和筛管，导管负责运输水分，而筛管则负责运输养分。

仙人掌的叶子

仙人掌也有叶子吗？

"哎哟，我们村的神童出来了啊？呵呵……"

"眼睛一闪一闪的，一看就知道不是普通的孩子。真是大喜事啊，大喜事。"

走进案件

"这么小就蛮有魄力了呢，哈哈……"

村子里的人总是称金天才为神童，他就是听着这样的称赞声长大的。这也使得他不管走到哪里都会抱着一本厚厚的书，摆出一副高高在上、很聪明的样子。连坐公交和在食堂吃饭时，他都要打开书，装出一副认真读书的样子。但他仅仅是在装作读书而已，实际上并没有读。

"亲爱的儿子啊！歇息一会吧，你现在才上小学而已，没必要那么勉强自己的。呵呵……"

"没有的事，妈妈！一点儿都不勉强啊。"

"天呐，怎么这么有毅力啊。这么早就懂事了，不愧

仙人掌的叶子

是我的好儿子呀。呵呵……"

妈妈只是嘴上这么说而已，实际上一到考试结束，总是暗暗地盼望着学校寄来的成绩单，并为儿子全是满分的成绩感到骄傲。关于这些，金天才都是知道的。

"哎呀，亲爱的儿子，又全得了满分呀？你太棒了！呵呵……也偶尔错一两道题嘛。"

金天才听得出妈妈最后说的并非真心话。所以他在考试期间仍旧熬夜，进行突击复习。

"儿子啊！没有几天就期末考试了吧？不要太勉强啊，对身体不好。你即使拿不到满分，妈妈也不会怪你的。"

"知道了，妈妈，不用担心我。学习嘛，本来就是平时努力就能学好的。"

妈妈只是假装不在乎成绩罢了，其实暗暗地给儿子施加压力。所以，每到考试期间，金天才都会有很大的压力，这使他的头发都开始脱落了。他担心别人知道自己不是神童的话，会笑话自己，所以总是咬紧牙关，努力学习。

期末考试的日子终于到了。

"儿子啊，加油，加油！放松一点儿，不要紧张，知道了吗？去学校吧。"

　　金天才好像是脚脖子戴着脚镣的囚犯一样，迈着沉重的脚步去学校了。熬夜果然有效果，他顺利答出了试卷上的题。

　　"现在只剩下一门了，应该没什么问题吧？"

　　其他科目都考完了，只剩下一门生物考试。"吱嘎"一声，门打开了。生物老师抱着一大摞试卷走进来了。

　　"同学们都复习好了吧？这次的试题呢，老师挑的都是特别特别简单的。所以大家不用担心啊。来，把随身携带的东西收起来。"

　　同学们不一会儿就拿到了试卷。金天才像做其他科目的试题一样，一道一道地往下做。可是，这是怎么回事？试卷上竟然有一道主观题。题目是这样的：构成植物体的除了根和茎之外，还有什么？

　　他怎么想都想不出答案来，冷汗开始从额头上流下来。他完全没有料到会有主观题。如果是客观题的话，不会做还可以用转铅笔的办法选出一个答案来。

　　金天才最终什么都没来得及写，就该交卷了。

　　"叮铃铃！"铃声响后，老师收走了所有同学的试卷，他边收边说："批改完试卷，马上就能发给大家成绩单。请同学们坐在位子上等一会儿吧。"

　　那道题的正确答案是"叶子"。同学们嘎嘎地笑着，

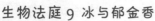

大声讨论着答案，所以金天才也知道答案了。

成绩单不一会儿就发到同学们手里了。金天才拿到成绩单后，感到眼前一黑。其他科目他仍然都得了100分，但是生物因为有一道题没有答出来，所以只得了95分。

金天才拖着沉重的脚步朝家走，脚步比来学校的时候还要沉重。

"考得怎么样啊？又都是满分吧？哎哟，你怎么这副表情？"

金天才的妈妈一边笑着一边啪啪地拍着金天才的肩膀，她突然皱了一下眉头，马上又换成了一副笑脸。

"哎哟哎哟，做错一道题也是可以理解的，哈哈！你是不是有什么心事啊？还是今天状态不好？为什么做错了一道题呢？哈哈……"

"这哪是安慰啊，明明就是批评嘛，不对，是威胁！哼！"金天才低垂着头，默默地走进了房间。

金天才趴在书桌上，大口大口地喘着气，觉得心里闷得慌，就走到窗边，想要打开窗户。这时，他看到了放在窗边的仙人掌。

"不对呀，仙人掌也是植物，可为什么没有叶子呢？对了，也有像仙人掌这样没有叶子的植物啊。那么老师给出的答案是错的喽。那么，现在赶紧去……可是成绩单都

已经发下来了啊。"

　　金天才一会儿喜一会儿忧的，精神已经陷入了极度混乱的状态。金天才认为这都怪老师出错了题，所以把生物老师告上了生物法庭。

仙人掌原来是有叶子的。但是为了能在干旱的沙漠地区生存下来，还要防止遭到其他动物的伤害，于是就把叶子变成了尖刺，这样能减少水分蒸发，动物也不敢来犯了。

仙人掌为什么没有叶子呢？
让我们一起在生物法庭上弄清楚吧。

生物法庭

审　判　长：审判现在开始。请原告方陈述。

盛务盲律师：大多数植物是由根、茎、叶三部分构
　　　　　　成的。植物种类不同，它们的根、
　　　　　　茎、叶长得也不同。叶子里含有一种
　　　　　　叫作叶绿素的色素，所以叶子是绿色
　　　　　　的，能够制造有机物。但是仙人掌只
　　　　　　有尖锐的刺而已，并没有叶子啊。所
　　　　　　以，仙人掌是没有叶子的，只由根和
　　　　　　茎构成。

审　判　长：现在请被告方辩护。

BO　律　师：仙人掌上的刺真的仅仅是刺而已吗？
　　　　　　我们邀请到了沙漠专家史亚拉博士出

仙人掌的叶子

庭作证。

史亚拉拿着仙人掌坐到了证人席上。

BO 律 师：请讲解一下植物的构成吧。

史 亚 拉：所有的植物都是由根、茎、叶三部分构成的。

BO 律 师：请简单说明一下各自的作用吧。

史 亚 拉：植物的根具有将植物固定在地下，吸收水分和无机物的作用。茎是连接根和叶子的部分，具有输送水分和无机物和有机物的作用。叶子具有制造有机物的作用。叶子上有气孔，可以让空气进出。

BO 律 师：仙人掌好像没有叶子呢。

史 亚 拉：不是这样的。仙人掌也有叶子，它的刺就是叶子。

BO 律 师：刺是叶子吗？我不明白。

史 亚 拉：你不明白是可以理解的。因为刺和我们平时所理解的叶子是不同的。但是呢，仙人掌为了在沙漠里活下来，就把叶子变成了刺。

BO 律 师： 为什么要把叶子变成刺呢？给我们具体解释一下吧。

史 亚 拉： 植物通常会通过叶子释放出体内的水分。但是如果在沙漠里也这样的话，仙人掌肯定会干枯而死的。所以仙人掌为了不让水分流失，就把叶子变成了刺。

BO 律 师： 那把叶子变成杆状不就行了嘛，为什么非要变成尖尖的刺呢？

史 亚 拉： 这是为了防止动物伤害到自己。仙人掌本身含有较多的水分，如果没有刺，沙漠里的动物就会为了获得水分而大吃特吃仙人掌了。所以为了不让动物伤害到自己，仙人掌就长满了刺。

BO 律 师： 仙人掌的刺是由叶子变来的。也就是说，仙人掌的刺相当于植物的叶子。所以呢，仙人掌也是有叶子的。

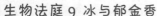
仙人掌的叶子

审 判 长：现在开始宣读审判结果。仙人掌原来也是有叶子的，但是为了能够在沙漠中存活下来，就把叶子变成了刺。刺也可以看作是叶子，所以仙人掌也是有叶子的。所有植物都是由根、茎、叶构成的。所以呢，本庭宣布老师给出的考题答案是正确的。

审判结束后，妈妈狠狠地训了金天才一顿，并且每天都把他关在房间里。金天才只好每天待在房间里学习。多亏了生物老师的劝说，金天才才像其他同学一样，过上了普通学生的生活。

仙人掌的种类

仙人掌有很多种类，下面简单介绍几种吧。蟹爪仙人掌，有茎节，扁平，状似蟹爪；冬季开花，作为盆花大量培育。圣诞仙人掌，模样像蝲蛄，茎节状似蟹爪，不圆，有棱角。孔雀仙人掌，状似孔雀羽毛，茎长而扁平，它的花径有15~20厘米，属于大朵花卉，在6~7月开花。扇形仙人掌，茎属于多肉茎，扁平，椭圆形或长椭圆形，状似扇子。

音乐花店

**给植物听什么样的音乐，它们才能长得
更好一些呢？**

罗玫瑰住在科学王国的花市。她
经营着一个小小的鲜花农场。

不久前，罗玫瑰开了一家小小的
花店，起名为传闻花店。店里卖的植
物都是她亲手培育的，比其他花店里
的新鲜、漂亮得多，所以来此买花的
顾客络绎不绝。

走进案件

"罗玫瑰，你到底有什么秘诀呢？"

"哪里有秘诀啊？"

"哎哟，可别装了。你看你的花都长得多好呀。"

"秘诀嘛，倒是有一个。呵呵！那就是给予花儿很多
很多的爱。呵呵……"

虽然别人只是当笑话听，但是罗玫瑰真的是每天都和
花说话，无微不至地照顾它们。她虽然经常会忘记吃饭或
者是别的事情，但是绝对不会忘了给花浇水或者是修剪
枝叶。

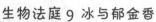

音乐花店

她还常常称赞自己养的花儿。

"喂，玫瑰！你真是越长越漂亮了呢。"

"天啊，郁金香！你实在是太高雅了。"

有一天，传闻花店的正对面又有一家花店开张了。这家花店的老板叫武运气。武运气每次创业都坚持不了多久，总是以破产而告终。不久前他新开的扒鸡店也是如此。扒鸡店关门后，他就变得颓废了，什么也不做。但是有一天，当他偶然间经过传闻花店的时候，看到店里的客人很多，于是他就萌生了自己开花店的想法："是的，就它了。我有很强的预感，我这次一定会成功的。哈哈！"

武运气觉得这次一定会成功，于是决心想出一些特别的点子来："好像还差点儿什么。要和其他的花店不同才行啊，可是……"

武运气连着好几天都没睡好觉，一直在苦苦思考。大约过了一周后，他脑袋里突然闪过一个好点子："啊哈，这样肯定行。哈哈！现在就等着发财吧。呵呵……绝对不能走漏了风声。我要彻底保密。"

运气花店不久后就开张了，开张的时候店门前还拉起了横幅，横幅上写着"听着古典音乐长大的花"。花的名字也很特别，都是把著名音乐家的名字和花的名字结合在一起。比如"莫扎特与玫瑰的邂逅"，"爱着巴赫的郁金香"等。人们听到这个消息后，陆续找上门来。武运气的商业策略初战告捷。

"天啊，可能是听着古典音乐长大的缘故吧，这里的花看起来好高雅啊。"

"怪不得长得更高了呢！"

"这花看起来真有气质啊！"

"还真和听说的一样呢！"

运气花店里的顾客与日俱增，而传闻花店里的顾客却慢慢减少。顾客老是减少，罗玫瑰渐渐开始焦躁起来了。

"只是给花儿听古典音乐的话，花是不可能长成那样的，肯定是用了其他方法。我早就觉得这事可疑了。"

罗玫瑰第二天就找到了生物法庭。

"您有什么事情啊？"

"我的店铺对面新开了一家花店，怎么看都觉得可疑。我总觉得他们给花注射了什么奇怪的东西，否则花不可能长得又大又鲜艳的，呜呜……"

生物法庭最终受理了这个案件。

音乐的声波可以刺激植物体内的细胞，帮助植物长得更好。比起摇滚音乐，植物更喜欢听古典音乐。

植物会听音乐吗？
让我们一起在生物法庭上弄清楚吧。

生物法庭

审　判　长：请原告方陈述。

盛务盲律师：一般情况下，声音传播过来后，声音的声波首先进入耳朵，这时耳蜗里的听觉细胞就会感知到声波，然后将声波的信号传送给大脑，这样我们就听到声音了。但是植物没有相当于耳朵的器官，是无法听到声音的。所以运气花店肯定用了别的方法来栽培植物。请被告方辩护。

审　判　长：我们邀请到了植物开发研究学者罗牵

BO 律　师：牛博士出庭作证。

　　罗牵牛博士坐到了证人席上，他的头发卷曲得好像缠绕在一起的牵牛花花藤。

音乐花店

BO 律 师：请介绍一下您现在的工作吧。

罗 牵 牛：植物怎样才能健康成长呢？为此，我做过各种各样的试验，试图找出合适的方法来。

BO 律 师：植物也有听觉器官吗？

罗 牵 牛：没有。植物和动物不同，没有可以听音乐的听觉器官之类的东西。

BO 律 师：所以就算是给它们放音乐听，它们也感觉不到喽。

罗 牵 牛：不是的。植物尽管不能像我们一样听到声音，但它全身都能感觉到音乐的声波。

BO 律 师：那给植物放音乐听是怎么回事呢？

罗 牵 牛：音乐的声波可以刺激植物体内的细胞，这对植物的生长有一定的影响。

BO 律 师：有什么样的影响呢？

罗 牵 牛：可以促进植物生长。有助于植物产生更多的叶绿素，从而合成更多的有机物。而且有助于植物打开叶子上的气孔，从

而促进气体的交换。另外，音乐的声波
还可以促进根部养分的吸收。

BO 律 师：还有没有其他的影响？

罗 牵 牛：还可以增强植物免疫力，使之不易得病。

BO 律 师：所有的音乐都有助于植物生长吗？

罗 牵 牛：不是的。与摇滚音乐比起来，植物更
喜欢古典音乐。如果放摇滚音乐的
话，反而会阻碍植物生长。

BO 律 师：植物没有类似于听觉的器官，所以听
不到音乐。尽管如此，它们全身都能
感受到音乐，而且它们的生长也会受
到声波的影响。另外，音乐种类不
同，对植物成长的影响也不同。所以
运气花店采用给花听古典音乐的方
法，也可以培育出优质的花。

审 判 长：现在开始宣读审判结果。尽管植物不
能像我们一样听音乐，但是声波振动
植物体内的细胞，可以促进植物的生
长，还可以增强植物的免疫力。特别

音乐花店

是运气花店使用了最具效果的古典音乐，为花的健康成长提供了更好的条件。所以我宣布运气花店并没有欺骗顾客。

植物与音乐

植物也能听音乐吗？植物没有像耳朵一样的感官，它们是怎么听音乐的呢？我们先从结论开始说吧，植物不仅能听到音乐，还能欣赏音乐。我们之所以能听到声音，是因为声波通过空气传入耳内，振动鼓膜。而音乐的声波可以通过空气使植物产生振动。

植物全身都是细胞。叶子是细胞，茎是细胞，根也是细胞。可以把这里的细胞看作是耳朵。用显微镜观察植物细胞的话，首先会看到细胞壁，往里是细胞膜，细胞膜里面充满了黏稠的细胞质。到达植物体的声波撞击硬硬的细胞壁，之后细胞壁、细胞膜以及细胞膜里面的细胞质相继颤动。这就如同敲击铜盆，里面的水也会随之颤动一样。这个颤动虽然很微弱，但是却能给予细胞质微小的刺激，增强其活力。

植物全身都可以听音乐。播放音乐的同时，检测植物体内的电流，会发现电流出现了大幅的改变。关掉音乐后一段时间内，电流还会有改变，只是比放音乐时弱了一些。看来植物也像人一样，即使关了音乐，"心里"仍旧美滋滋的。

审判结束后，运气花店的生意更火了，鲜花总是供不应求。传闻花店研究出了古典音乐之外的好方法，配合着其他方法，他们的花最终又赢得了顾客的青睐。

甜甜的芹菜

要想吃到甜甜的芹菜，是把芹菜浸泡在糖水里好呢，还是直接把白糖撒在芹菜上好呢？

最近科学王国刮起了一股健康生活风。就连电视上也全都是有关健康生活的新闻。

走进案件

"是的，这里是'一小时特别新闻'，我是安亨囡。今天的第一条新闻还是与健康生活有关。为了凸显真实性，我们派记者金吉雄去了现场。金吉雄！"

"大家好，我是金吉雄。这里是位于绿市的一条小吃街。此地最近刮起了一股芹菜风，出现了很多芹菜餐馆。让我们先找一家餐馆进去看看吧。"

金吉雄环顾四周后，走进了一家餐馆。那家餐馆挂着一个标语牌，牌子上写着"世界上最甜的芹菜"。

"大家好！这家餐馆有世界上最甜的芹菜。可能就是因为这一点，店里的客人很多。一进门就感觉到一缕甜甜

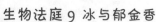

甜甜的芹菜

的味道迎面飘来。我们接下来要采访的是本店的主厨。"

"你好！我是比丽丽沙拉餐厅的主厨申克布。"

"你好，申克布先生。您做出了世界上最甜的芹菜，请告诉我们您的秘方吧。"

"没有秘方啊。认真做就好了。"

"哎，不要把问题踢回来嘛，请告诉我们吧。"

"呃，实际上，我只告诉了我的媳妇。来，把耳朵伸过来。"

叽叽喳喳……

"啊？就这么简单呀？"

"呵呵，是啊。真不好意思。"

"观众朋友们，主厨刚才告诉了我做最甜的芹菜的秘方。它到底是什么呢？秘方就是把芹菜泡在糖水里。哈哈……"

"以上就是来自现场的报道。金吉雄为了满足观众们的好奇心，最终问出了秘方。真是了不起啊！下一条新闻是……"

金贝贝正在家里看新闻，看到这则新闻后，气得脸上红一阵白一阵。

"那不是我们家旁边的餐馆吗？秘方就是泡在糖水里？哼！什么世界上最甜的芹菜啊！现在看来完全是在骗

甜甜的芹菜

人呀！"

金贝贝也在绿市开了一家芹菜餐馆。他做芹菜之前，会在芹菜上撒上白糖粉。这样做出来的芹菜很甜，深受顾客的喜爱。可是有一天，旁边新开了一家芹菜餐厅。他们打了一幅广告——"世界上最甜的芹菜"，就把顾客都吸引了过去。

"明明用的是一样的白糖啊！竟然打出这样的虚假广告，还把顾客都拉了过去。我绝对不会放过他们！"

金贝贝第二天就去了比丽丽沙拉餐厅。

"喂，申克布。马上把那个标语牌撤下来。"

"真是荒唐！你有什么权力让我撤下标语牌啊？"

"荒唐的人是我？你们就是用白糖水泡了一下芹菜而已，怎么能打广告说，那是世界上最甜的芹菜呢？你的良心被狗吃了吗？怎么能这样欺骗消费者呢？"

"什么话啊？它本来就是最甜的，我们只是实事求是地说而已，这有错吗？"申克布轻蔑地看着金贝贝。

"喂，我们餐馆做芹菜的时候，通常都会在芹菜上撒白糖。和你们用的是一样的白糖，效果会不同吗？你们干嘛打出那样的虚假广告？"

"哎，真是强词夺理！我们只是实事求是地打广告而已。可不可以请您出去呢？我们该营业了。请！"

甜甜的芹菜

　　申克布说着就把金贝贝推到了门外，"哐"的一声关上了门。这下可把金贝贝气坏了。他马上气咻咻地去生物法庭状告了申克布。

芹菜表面撒了白糖的话，吃起来很甜，但还是比不上泡在白糖水里的芹菜甜。这是因为渗入到后者的白糖分子更多。

白糖水能让植物变得更甜吗？
让我们一起在生物法庭上弄清楚吧。

生物法庭

审 判 长：审判现在开始。请原告方陈述。

盛务盲律师：大家都知道白糖是甜的。为了让食物
吃起来甜甜的，我们通常会撒上白糖
再吃。不管是白糖水还是白糖粉，用
的都是一样的白糖。所以呢，不管是
把白糖撒在蔬菜表面，还是把蔬菜泡
在白糖水里，最终都是一样甜的。所
以我认为金贝贝的说法是正确的。

审 判 长：请被告方辩护。

BO 律 师：不管是白糖粉还是白糖水，如果只是
撒在蔬菜表面的话，两者的结果是差
不多的。但是如果把蔬菜泡在白糖水

甜甜的芹菜

里，还会一样甜吗？我们邀请到了天才初中的化学老师多细胞出庭作证。

多细胞老师很有活力地跑进来，坐在了证人席上。他戴着又圆又厚的眼镜，穿着花花绿绿的衬衫。

BO 律 师： 把白糖撒在蔬菜表面的话，结果会怎样呢？

多 细 胞： 白糖颗粒会从蔬菜表面渗入蔬菜体内，但是大部分的白糖颗粒会留在蔬菜表面。因此如果用水洗的话，大部分甜味就会消失。

BO 律 师： 撒白糖粉会比撒普通白糖甜。这是为什么呢？

多 细 胞： 白糖粉的颗粒比普通白糖的颗粒小，所以渗入蔬菜体内的白糖就相对多些。

BO 律 师： 洒白糖水会更甜吗？

甜甜的芹菜

多　细　胞： 是的，会更甜一点儿。但是仍然会有很多糖水留在蔬菜表面，渗不进去。

BO 律　师： 那么把蔬菜泡在白糖水里，效果是否也是一样的呢？

多　细　胞： 不一样。这种情况下，蔬菜吸收水分的同时，也吸收了水里的白糖。也就是说，与把白糖撒在蔬菜表面相比，泡在白糖水里会使渗入蔬菜体内的白糖更多，蔬菜相应也就会更甜。

BO 律　师： 蔬菜有多甜取决于有多少白糖进入蔬菜体内。把芹菜泡在白糖水里，芹菜吸收水分的同时，也吸收了水中的白糖。这样的芹菜即使经过水洗，或者被放置很久，也会比只是表面上撒了白糖的芹菜甜。

审　判　长： 把白糖撒在蔬菜表面时，渗入蔬菜体内的白糖量取决于白糖颗粒的大小。白糖颗粒越小，渗入蔬菜体内的量就越大。但是大部分的白糖还是无法渗

甜甜的芹菜

入蔬菜体内，只能留在蔬菜表面。但如果是把蔬菜泡在白糖水里的话，结果就不一样了，进入蔬菜体内的白糖会很多。这是因为蔬菜在吸收水分的同时，也吸收了水里的糖。所以，本庭现在宣布"世界上最甜的芹菜"这个说法是成立的。

审判结束后，比丽丽沙拉餐厅的生意更好了。申克布赚了很多钱后开始变得傲慢起来，服务态度明显变差，所以顾客反而越来越少了。

芹 菜

　　芹菜原产于南欧、北非和西亚。原来的野生芹菜味道很苦。现在的芹菜是17世纪以后，经过意大利人改良后产生的。芹菜种植在土里，高60~90厘米；叶和茎是绿色的，无毛，有脊；6~9月开白花，果实呈扁平的球形。

鲜花钟表

看一下开花情况，就能知道时间吗？

走进案件

"今年是我们植物市成立10周年，为了纪念一下，我们要在市政府前面建一座具有纪念性的建筑。大家觉得建什么建筑好呢？"

"树立市长您的铜像怎么样啊？特别要突出您那完美的身材。"

金语利科长平时就很不会说话，现在竟然提出了如此让人无语的意见。这样一来，会议室的气氛马上就变得尴尬起来。

"树立一个大型时钟塔怎么样啊？电影里不是经常出现恋人在时钟塔下见面的场景吗？我们也为市民提供一个这样的场所吧。如此一来，市政府不就显得更加亲近群众了吗？"

"好好好！还是郑科长不辜负我的期望啊。那大型钟表的设计方案就交给你负责吧。"

"好的。"

第二天，市政府的展示栏里就贴上了公告，上面写着"征集市政府前大型钟表塔的设计方案"。公告贴出后，前来提供方案的公司络绎不绝。第一轮审查合格的公司才有机会进入第二轮的公开竞标会。公开竞标会的日子终于到来了。

"有请一号参标公司——劳力士钟表。"负责评审的韩罗定科长说道。

"我们劳力士钟表打算以普通时钟塔为基础，再在柱子表面覆盖一层黄金，这恰好符合我们公司高贵的形象。"

"开支太大，我们的预算不足，不行！二号参标公司——美度钟表。"

"我们打算建造一个电子钟表，这样男女老少都能看得懂。"

"嗯，这也太简单了吧？不行！下一个。"

"我们是三号参标公司——古驰钟表。我们打算建造一个沙子钟表，里面一层一层地铺上不同颜色的沙子，像彩虹一样，是不是很漂亮啊？哈哈！"

"太花哨了，不行！"

还有海钟表、水钟表等很多方案，但是没有一个方案能让韩罗定科长满意。

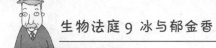

鲜花钟表

　　"唉，这都是什么方案呀？没有一个让人眼前一亮的。"

　　终于轮到最后一个参标公司了。

　　"我们普拉达钟表打算用花建造一个钟表。"

　　"怎么建造呢？在花下面放一个钟表吗？"

　　"不是的。这种钟表很特别，只要看一下什么花开放了，就可以知道时间。"

　　"哦，很好，太棒了！合格！明天马上动工吧。"

　　因为鲜花钟表方案很独特，普拉达钟表公司的方案最终中标了。

　　这时其他钟表公司的人开始嚷嚷起来了。

　　"根据开花的情况，怎么能知道时间呢？"

　　"是啊，我们理解不了。"

　　"只是说得好听罢了，中标后就会随便建造的吧？"

　　其他钟表公司异常团结，他们认为不存在鲜花钟表，所以把普拉达钟表公司告上了生物法庭。

植物开花所要求的阳光强度和光照时长是不同的，所以开花的时间也是不同的。可以说，植物都有各自的生物钟。

可以用花制造出钟表吗？
让我们一起在生物法庭上弄清楚吧。

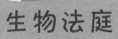

生物法庭

审　判　长：请原告方陈述。

盛务盲律师：花儿一旦开放，就会一直开到凋谢为
　　　　　　止。而按照花开来制造钟表的说法是
　　　　　　完全讲不通的。

审　判　长：喇叭花开花期间，花朵只在早晨绽
　　　　　　开，这个你怎么解释呢？

盛务盲律师：世界上总会有例外的嘛。喇叭花只是
　　　　　　一个例外而已。

审　判　长：那例外的花也太多了吧？

盛务盲律师：唉，与世界上所有花的数量相比，还
　　　　　　是非常少的。

审　判　长：你这是在狡辩啊。下面请被告方辩护。

BO 律　师：制造鲜花钟表时，我们用的就是原告方所说的“例外”的花。我们邀请到了花卉开发专家李美丽出庭作证。

李美丽坐到了证人席上。她穿着浅绿色的衣服，头上包着红色的头巾。噘起的嘴唇上涂着红红的唇膏。

BO 律　师：植物是如何开花的呢?

李　美　丽：植物根据生物钟开花。

BO 律　师：生物钟是什么呢?

李　美　丽：植物知道什么时候应该生长，什么时候应该休息，并依此来生活。这就是生物钟。

BO 律　师：生物钟控制着植物的开花，它受什么环境因素影响呢?

李　美　丽：花的开放和凋谢受温度影响，但更多的是受阳光影响。阳光强弱与光照时长决定了花是开放还是凋谢。

BO 律　师：花开放的时间也是不同的吧?

鲜花钟表

李 美 丽：是的。因为不同的植物有不同的生物钟，所以各种花开放的时间和季节也是不同的。

BO 律 师：利用花开放的时间，可以制造出鲜花钟表吗？

李 美 丽：可以的。只是不像我们用的钟表那么精确。

BO 律 师：应该怎么制造呢？

李 美 丽：我说一下顺序吧。首先是日出到中午这个时间段，这时蒲公英、紫罗兰、太阳花相继开花。正午到日落之前，桔梗、石竹、紫茉莉、陈蒲花相继开花。日落到午夜这个期间，月见草、昙花相继开花。然后，太阳升起之前，喇叭花、莲花相继开花。

BO 律 师：植物体内有生物钟，生物钟可以根据阳光强弱和光照时长来控制开花的时间。所以只要按照开花时间，合理排列花的顺序的话，就可以制造出鲜花

鲜花钟表

钟表。

审　判　长：现在开始宣读审判结果。植物种类不同，开花时间也不同。所以理论上可以制造出鲜花钟表。可是考虑到鲜花钟表没有我们用的钟表那么精确，本庭希望鲜花钟表与使用数字的机器钟表能够一起出现在市民面前。

审判结束后，普拉达钟表与其他钟表公司合作，一起制造出了美丽的鲜花钟表。它不仅受到了市民的喜爱，而且也吸引了许多游客前来观看。

鲜花钟表

　　生物学家林奈在瑞典的乌普萨拉进行研究工作时，得出一个非常有名的研究成果。这就是制造鲜花钟表时可以用的46种花的开花时间表。最近在有的公园、广场等地方设置了鲜花钟表。在相当于钟表上数字的位置建花坛，并在花坛的底部放置完全防水的大型钟表，这样就建成了更加精确的鲜花钟表。韩国首尔和釜山的儿童公园里就建有鲜花钟表。

冰与郁金香

冰与郁金香

为什么温度低时，郁金香马上就会枯萎呢？

走进案件

　　朴铭萧经营郁金香农场已经有十年了，他每年都会举办一次郁金香展。而那一天是朴铭萧一年中最自豪、最期待的日子。一年一度的郁金香展又到了，展览定于下午一点开始，而细心的朴铭萧早已准备就绪，只等着时间到来了。

　　叮铃铃……

　　"喂！"

　　"哈哈，朋友，是我！"

　　"听声音是小鸡幼儿园的山德罗吧？臭名昭著的山德罗，性格比强力胶还黏，拳头比拳王还硬。"

　　"想挨打的话，还有什么话不敢说呢，对吧？哈哈。老朋友好不容易给你打一个电话，你就不能好好说话吗？"

　　"你都八百年没联系我了，突然找我有什么事情啊？

你没发烧吧？”

"哈哈，咱俩是好哥们儿，对吧？我们幼儿园有现场观摩课，可是一直找不到合适的地方，这不是听说你的农场要举办郁金香展嘛，我就……"

"你的良心被狗吃了呀？咱俩八竿子也打不着，什么时候关系很好过？我怎么不知道啊？"

"干嘛这样呀？这让我听了多伤心啊。"

"没有位置了！预约结束了，票也卖光啦。"

"儿童可是祖国的小花朵啊，你可不能这样对待他们。郁金香展开始之前我们去，看完就走。这样总可以吧？挂了啊！"

"唉，真是拿他没办法。"朴铭萧比谁都清楚山德罗的性格，只好任由他了。

不一会儿，山德罗就带着一群小孩子来到了农场。

"一定要小心，小心，再小心啊！不能乱摸！"

"真刻薄！不过还是谢谢了！来，孩子们，去看郁金香喽！"

"哇！"

孩子们叽叽喳喳地开始观看郁金香。每个孩子都拿着一个饮料杯，杯子里盛有冰块。有些孩子特别调皮，完全不理睬郁金香，只是相互扔着冰块玩。冰块掉进了郁金香

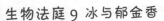
冰与郁金香

花丛里，山德罗看到后也并没有在意，他想："反正冰化了就是水，应该没事的。"山德罗逛了一圈后，就带着孩子们回幼儿园了。

"哎，真是打了一场硬仗啊。嗯，还剩下不到一个小时，我应该再去检查一遍。"

朴铭萧走进了农场，脸唰的一下就白了。因为展览用的郁金香都枯萎了。

"孩子们来之前还好好的呢。对，一定是山德罗和孩子们弄的。"

朴铭萧盼了整整一年的郁金香展就这样被毁了。他气急了，于是将山德罗告上了生物法庭。

孩子们，不行啊。温度太低，郁金香会枯萎的啊。

郁金香的花瓣有两层。温度高的话，内侧细胞生长，花就开放。温度低的话，花就凋落。

低温对郁金香有怎样的影响？
让我们一起在生物法庭上弄清楚吧。

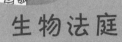

生物法庭

审 判 长：请被告方辩护。

盛务盲律师：冰是水凝结成的，融化了还会变成
水，所以对郁金香一点儿影响都没
有。相反，因为提供了水分，郁金香
说不定会开得更好呢。

审 判 长：你陈述的时候能不能有点儿诚意啊？
真是的。我本来以为你挺优秀的呢！
现在请原告方陈述。

BO 律 师：植物开花需要很多条件。我们邀请到
了花卉栽培专家张洞口出庭作证。

一身农民打扮的张洞口，坐到了证人席上。

冰与郁金香

BO 律 师：植物为什么要开花呢？

张 洞 口：最主要的目的就是生成种子，繁衍后代。

BO 律 师：植物开花的时间各不相同，这是为什么呢？

张 洞 口：这是因为不同植物对环境的需求不同。有的春天开花，有的秋天开花。即使是同一种花，由于所处位置的环境条件不同，开花的时间也不相同。

BO 律 师：受到什么条件的影响呢？

张 洞 口：主要是受阳光的影响。接受阳光照射的量不同，开花时间也不相同。

BO 律 师：可现在的花一年四季都能开放呢。

张 洞 口：这是人工栽培的结果。植物生活在温室里，通过人工灯光模拟太阳光的照射。所以它们会产生错觉而开花。

BO 律 师：郁金香也主要受阳光影响吗？

张 洞 口：不是的。同阳光比起来，郁金香受温度的影响更大。

冰与郁金香

BO 律 师：郁金香对温度有什么样的反应呢？

张 洞 口：郁金香的花儿在温度高时开放，温度低时凋落。

BO 律 师：为什么会这样呢？

张 洞 口：郁金香的花瓣有两层。温度高的话，内侧细胞生长，花就开放。反之，花就凋落。

BO 律 师：尊敬的审判长！郁金香与其他花不同，主要受温度影响。温度高，花就开放；温度低，花就凋落。所以我认为冰块降低了郁金香周围的温度，因此郁金香凋落了。

审 判 长：现在开始宣读审判结果。冰是冷的，掉进郁金香花丛里，降低了花朵周围的温度，郁金香误以为是天气变冷了，于是就调节了自身的生长。所以呢，冰是导致郁金香凋落的直接原因。我宣布，山德罗没有管好拿冰块玩耍的孩子，是负有责任的。

冰与郁金香

　　审判结束后，山德罗只好赔偿了朴铭萧没能举办郁金香展的损失。

郁金香

　　郁金香原产于欧洲东南部和亚洲中部。耐寒，于秋季种植。叶子从植株的底部开始交错生长，底部包有鳞茎。花单生，直立，于4~5月开花，花有红色、蓝色等多种颜色。花长7厘米，钟形。雄蕊6个；雌蕊2厘米，圆柱形，绿色。7月结籽。主要用于观赏。

最后一片树叶

最后一片树叶

在冬天，大树为什么连一片树叶都没有呢？

走进案件

李宇宙和他的女朋友王外界都在吾爱大学上学。和往常一样，今天他们也在图书馆里准备期末考试。可是王外界却没有学习，而是趴在桌子上呼呼大睡。睡了好久后，她突然"嚯"的抬起头，对李宇宙说："我们能够走在一起，真的是命中注定的吗？"

"怎么突然问起这个来了？"

"我想要测试一下我们的命运。"

王外界指着窗外的柿子树继续说道："看到那棵树了吗？如果经历了寒冬之后，那棵树上的叶子没有全掉光，哪怕只剩下一片，就说明我们在一起是命中注定的。如果叶子全掉光了的话，那我们就分手吧。冬天过后，树上还有叶子的话，我们再相见啦。"

王外界说完，立马就"嗖"的一下起身走了。

"叶子全掉光了的话，那我们就分手……"李宇宙很爱王外界，所以那天分别后，他就哼哼唧唧地病了，而且一直也不见好。

想到冬天过后有可能就再也看不到王外界，李宇宙就病倒了，连说梦话都在喊王外界的名字。

日子一天天地过去，不知不觉秋天就到了。枫树的叶子开始一片一片地往下落。看到这景象，李宇宙更加焦躁忧郁了。他的朋友们看不下去，便聚在一起商量对策。

"不管怎么样，一定要把叶子粘在树上。"

"要不就在树上套上很大很大的塑料袋，就像是帐篷一样。这样不就可以挡风了吗？"

"天呐！那样叶子还是会枯萎脱落的啊。"

"啊哈哈哈……"

"谁在笑？"

"我想到了特别好的办法。大家围过来。"

叽叽喳喳……

"啊哈，真是好主意！"

"哎，宇宙啊，我们来救你了。"

"不管怎么样，如果那些叶子掉光了，王外界就会和我分手。"

"喏，这是获得了科学王国特许的超级无敌强力黏合剂。有了这个，你们就分不了手了。哈哈……"

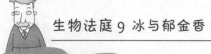

最后一片树叶

"这个？"

"用它把树叶紧紧地粘在树上，这样的话，树叶一冬天都不会掉的哦。哈哈，怎么样？超棒吧？"

"马上出发！"

就这样，李宇宙和他的朋友们连夜把所有树叶都牢牢地粘在了树上。

冬天悄悄地过去了，李宇宙终于又和王外界在一起了。

可是有一天，李宇宙突然接到了一个陌生人的电话。

"喂！"

"这里是生物法庭。您是李宇宙同学吧？吾爱大学环境部控告您犯了伤害植物罪，所以，明天来一趟生物法庭吧。"

原来，李宇宙和朋友们拿黏合剂粘树叶的那棵树死掉了。学校的管理人员很生气，就把李宇宙告上了生物法庭，生物法庭受理了这个案件。

冬天，植物会主动切断与叶子之间的通路，以使营养物质不能到达叶子，所以叶子开始脱落。

落叶是怎样产生的呢？
让我们在生物法庭上一起弄清楚吧！

生物法庭

审　判　长：审判现在开始。请原告方陈述。

盛务盲律师：一到冬天，树的叶子就开始脱落。这
是为什么呢？冬天，树木难以获得营
养物质，而此时如果再把营养物质输
送给叶子的话，树木自身的营养物质
就更加不足了。所以树木为了熬过冬
天，不得不舍弃叶子。可是被告却把
黏合剂涂在叶子上，这样叶子也可以
获得营养物质，从而导致整棵树极度
营养不足而死。所以我认为是被告的
失误造成了那棵树的死亡。

审　判　长：请被告方辩护。

最后一片树叶

BO 律　师：我们邀请到了轻轻树木园研究所所长
　　　　　　山的里博士出庭作证。

山的里博士穿着一身淡绿色大褂，
坐到了证人席上。

BO 律　师：请讲述一下您现在从事的工作吧。

山　的　里：我的工作是管理树木园，同时研究树
　　　　　　木园内的树木。

BO 律　师：现在是秋天，正是枫叶最美的时候
　　　　　　啊。

山　的　里：是的。各种各样的枫叶形成了壮观的
　　　　　　美景。

BO 律　师：可是风一吹，树叶就会飘落啊。

山　的　里：是的。这是树木故意让其脱落的。

BO 律　师：树木为什么故意让叶子脱落呢？

山　的　里：为了过冬。冬天，大地冻住了，树木
　　　　　　很难吸收到水分，而且有机物也不充
　　　　　　足，树木自身生存都很困难。此时，
　　　　　　如果还为叶子供给营养物质的话，树

最后一片树叶

木很可能就会死掉。

BO 律 师：叶子是如何脱落的呢？

山 的 里：一般情况下，气温低于5℃时，树木为了不让营养物质到达叶子，就会逐渐切断与叶子之间的通道。等通道完全闭合了，叶子也就开始脱落了。

BO 律 师：那么落叶变红变黄也与此有关喽？

山 的 里：是的。由于气温下降，叶片里的叶绿素受到破坏，而仍然存在于叶片中的叶黄素、胡萝卜素等色素开始显露，叶片就逐渐由绿色变成了红色或黄色。

BO 律 师：叶子的脱落是因为树木自己切断了与叶子之间的通道。所以说，就算是用黏合剂把树叶粘在了树上，那也只是个装饰而已，对树木是没有影响的。

审 判 长：现在开始宣读审判结果。气温很低的时候，树木为了能够在冬天里存活下来，就会使叶子脱落。为了脱落掉树

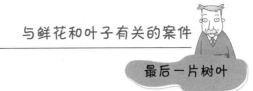

叶，树木会逐渐切断与叶子连接的通道。这时候，即使用黏合剂把树叶粘在树上，营养物质也无法输送到叶子里。这就如同四面封闭的湖，湖里的水流不出来一样。所以呢，我现在宣布那棵树死了并不是因被告失误造成的，应查找其他原因。

审判结束后，环境部查出了树木死亡的真正原因。而李宇宙仍然和女朋友在一起，两个人过得很甜蜜。

叶绿素

绿色植物的叶子里含有一种化合物，叫作叶绿素。叶绿素存在于叶绿体的基粒里。现在已知的叶绿素有叶绿素a、b、c、d、e和细菌叶绿素a、b等。它们的特征是一个分子里含有一个镁原子。叶绿素在绿色植物的叶绿体里吸收光的能量，将二氧化碳转变为有机化合物，即糖类。所以叶绿素是光合作用中最重要的物质之一。

绿茶和红茶

绿茶和红茶

绿茶和红茶是一样的吗？

走进案件

　　贸易公司老板罗热多先生由于工作的关系，经常出差，他自己也很喜欢旅游，所以经常拿出差当借口到处旅游。就这样，他玩遍了所有名胜古迹，再也没有地方可去了。因为厌倦了无聊的工作，又没有地方可玩，所以他变得越来越奇怪。

　　"我是一只百无聊赖的猫！厌倦了辛苦的公司生活！我是一只可怜的小动物！想要去那遥远的地方旅游！我是一只百无聊赖的猫！"

　　"老板又在唱歌啊，整天只知道唱歌。唱歌的时候，还非得像小孩子一样砰砰地敲打键盘！"

　　"每天都唱这首破歌，弄得我现在满脑子都是这首歌的旋律。"

　　"唉，谁让我们是秘书呢，活该呀，活该……"

　　罗热多每天都唱这首奇怪的歌，简直就是噪音。可是秘书们又不能说什么，只能忍受着。罗热多尽情地唱完后，看了一下表。

"呵呵，我最喜欢的节目'旅游真好'的时间到了。今天又会是哪里把我推入回忆的漩涡呢？"

罗热多不唱歌了，打开了电视。节目伴着轻快的音乐开始了。

"大家好！我是'旅游真好'的主持人。今天是'旅游真好'节目的第300期。作为特辑，我们邀请到了知名内地旅游家丹高劳斯和我们一起分享他的故事。"

"内地？嗯，肯定是我去过的地方。"

但是与他猜想的不同，丹高劳斯只去人们听都没有听过的奇异的地方旅游。罗热多慢慢地沉浸在了"旅游真好"中。

"给你印象最深的是哪个地方啊？"

"我个人很喜欢喝茶。所以在痴人罗王国喝过的绿茶给我留下了最深的印象。"

"绿茶？你说的是我们喝的绿茶吗？"

"是的。那个地方的人们习惯将茶叶摘下晒干后，马上就煮着喝，所以有着普通绿茶所没有的浓醇鲜爽的味道。那种味道至今仍萦绕在嘴里。我带来了一些那里的绿茶，请尝尝吧。"

"茶水的颜色和普通绿茶泡出来的差不多……天呐，

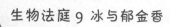

绿茶和红茶

味道真独特呀。浓醇鲜爽的味道！这个味道也会让我终生难忘了。呵呵！"

罗热多看到这里"啪"地拍了一下膝盖。他马上买来了丹高劳斯写的《只有内地》，认认真真地读了有关痴人罗王国的所有内容。

"老婆，我要去痴人罗王国出差。"

"痴人罗王国？我怎么没有听说过呢？这是什么地方呀？"

"你看一下这本书吧。里面讲得很详细。"

罗热多的妻子仔仔细细地读完了《只有内地》里有关痴人罗王国的部分。她吓了一跳，劝道："老公，你一定要去那里吗？要先坐两天的飞机，然后再坐一天的船才能到啊？"

"这不都是为了事业嘛。只要从那里带回绿茶来，那可就是一笔大生意啊！"

"万一在那里生病了怎么办？再说了，语言又不通，万一出事了怎么办？"

"没关系的。我去了那么多地方，不都好端端地回来了吗？肢体语言全世界都是统一的，去哪里都一样可以使用。"

罗热多不顾众人劝阻，还是朝着痴人罗王国出发了。

绿茶和红茶

花费了整整三天，他终于到达了痴人罗王国。

罗热多伸了一下懒腰。"可算是到了。这是什么味道？"罗热多环顾四周，皱起了眉头。他平时旅游的时候，不管去哪里，一般都会在那里待三四天，可是这次在痴人罗王国，他一天也不愿多呆。那里的人们不洗澡，全身散发着难闻的气味。他们头发冒油，泛着光亮。建筑物都很破旧，好像马上就会倒塌似的。最严重的是，很难找到干净的水。

"我买完绿茶就走，这里真不是人待的地方。可是哪里卖绿茶呢？怎么办呢？啊！"

罗热多把包翻了个遍，终于找到了一袋茶叶。他撕开袋子，把茶叶倒在了手心里。看到有人过来，他一边摊开手心给他看手里的茶叶，一边朝着他打手势。那个人起初并没有看懂，后来看到茶叶就好像是明白了，领着罗热多往前走。他们穿过一条条胡同，最后来到了一条卖绿茶的街。

"啊哈，总算到了！可真的是绿茶吗？随便找一家店看看吧。"

罗热多随便进了一家店，想确认那里是不是真的卖绿茶。店主人一边好奇地打量着这个外地人，一边大方地递上了一杯绿茶。

绿茶和红茶

"嗯，是这个味儿。我从来没有喝过这么好喝的绿茶！这些我都要了。"

罗热多比画着要买下店里所有的绿茶。店主人好一会儿才明白罗热多的意思，他激动地紧紧握住罗热多的手，并不停地行礼，眼里饱含着泪水，一副非常感谢罗热多的模样。由于价格很低，罗热多把其他店里的绿茶也一并买下了。他选择了运费最低的水路来运送这些茶叶，自己则提前返回了科学王国。

回到家后，罗热多邀请了自己最好的朋友——食品公司的老板马美味到家里来作客，并请他品尝了痴人罗王国的绿茶。

"怎么样？这种绿茶可是我费了好大的劲儿从痴人罗王国买来的。"

"嗯，非常好！有一股醇香的味儿。味道的确与现有的绿茶不一样。"

"味道与众不同吧！这可是好东西，一定会卖得很好的。是不是很棒呀？"

"当然是啊。确认货物总量了吗？"

"当然了。货物很快就到了。"

"那么货一到就送到我公司吧。"

他们就这样谈成了一笔绿茶生意。罗热多觉得自己就要发财了，愈发盼望着货物快点到达，快点卖出去。

"老板，美味食品马美味老板来电话了。"

"看来货物已经到了呀。喂，你对货物还满意吧？这足够你卖一阵子了吧？"

"不好意思，这单生意我们不做了。"

"啊？怎么突然说这样的话？"

"我们要的是绿茶，不是红茶。你确定这是你的货吗？"

"在装船之前，我明明认认真真地检查了一遍，的确是绿茶呀。"

"可是我们收到的是红茶。我那么相信罗老板，您竟然这样对我，真是太令我失望了。不管怎么说我们都要退货。"

这对罗热多来说简直就是晴天霹雳。他马上拆开运来的箱子，取出了点儿茶叶泡在了杯子里。结果泡出来的茶水不是绿色的，而是暗红色的。

"我明明确认过了啊。奇怪！难道是有人掉包？这不可能啊！"

罗热多感到心灰意冷，他完全不明白事情为什么会变成了这样，于是委托生物法庭给自己一个解释。

茶树的叶子摘下来以后，如果不经过发酵，得到的就是绿茶；如果经过发酵，绿色色素被破坏，得到的就是褐色的红茶。

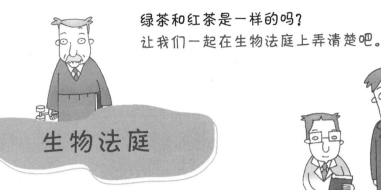

绿茶和红茶是一样的吗？
让我们一起在生物法庭上弄请楚吧。

生物法庭

审　判　长：请盛务盲律师陈述吧。

盛务盲律师：我现在在两个玻璃杯里分别泡上红茶和绿茶，大家来观察一下。

　　盛务盲律师拿来了两个盛有热水的杯子。在其中一个玻璃杯里放入绿茶，在另外一个玻璃杯里放入红茶。绿茶泡出来的茶水是绿色的，而红茶泡出来的茶水是暗红色的。

盛务盲律师：大家都看到了吧。绿茶和红茶泡出来的茶水，颜色是不同的。就像茶的名字一样，它们泡出来的茶水分别是绿色和红色。它们的味道也稍有不同。所以绿茶和红茶是不一样的茶，罗热多先生的绿茶肯定是在运输的途中被

绿茶和红茶

人换成了红茶。

审 判 长：BO律师陈述吧。

BO 律 师：绿茶和红茶味道不同，颜色也不同，我们因此就认为两者是不同的，可是事实真的如此吗？我们邀请到了茶专家马好喝出庭作证。

马好喝穿着科学王国的传统服饰，喝着泡在陶瓷茶杯里的茶，坐到了证人席上。

BO 律 师：绿茶和红茶是不同种类的茶吗？

马 好 喝：按照茶类来划分的话，它们是不同的。可是它们所用的原料却是一样的。

BO 律 师：原料是一样的？

马 好 喝：是的。简单来说，同样的原料，根据不同的制作方法，既可以制成绿茶，也可以制成红茶。

BO 律 师：请详细讲述一下吧。

马 好 喝：茶树的叶子摘下来以后，如果通过一

绿茶和红茶

道名为"杀青"的工序，使得叶子里的绿色色素被保留下来，而不会被破坏，这样制成的茶就是绿茶。但是如果没有"杀青"，而经过发酵，叶子里的绿色色素遭到破坏，叶子随之变成褐色，这样制成的茶就是红茶。

BO 律 师：有一种茶叫作乌龙茶，它的原料也和红茶、绿茶的一样吗？

马 好 喝：是的。鲜茶叶在发酵成红茶之前，发酵过程提前中止的话，就是乌龙茶。所以绿茶和红茶的中间阶段是乌龙茶。

BO 律 师：所有的绿茶味道都一样吗？

马 好 喝：不是的。茶树生长的地域不同，味道也不同。但是味道差别很小，只有很懂茶的人才能品出来。

BO 律 师：绿茶比红茶更有益于身体健康吗？

马 好 喝：不是的，两者的作用几乎是一样的。它们虽然成分上有差异，但是进入人体后，作用几乎是一样的。

绿茶和红茶

BO 律 师：那到底是什么成分使它们有益于身体健康呢？

马 好 喝：有好多成分，但主要是多酚和儿茶素两种。

BO 律 师：多酚对人体有什么样的作用呢？

马 好 喝：它可以预防心脏病和癌症，提高人体免疫力；还可以杀死肠道里的有害菌，促进肠道里有益菌的生长和繁殖。此外，它还可以促进消化，有助于提高注意力。

BO 律 师：那儿茶素呢？

马 好 喝：儿茶素可以促进脂肪代谢，对减肥有良好的效果。它还具有预防感冒、降低胆固醇、抑制高血压的作用。

BO 律 师：看来喝绿茶和红茶都有利于健康呀！

马 好 喝：大体上是这样的，可是小孩、糖尿病患者、孕产妇、肾结石患者、营养不良的人、药物中毒的人以及肝病患者最好不要经常饮用红茶和绿茶。

绿茶和红茶

BO 律 师：绿茶和红茶用的是一样的茶叶，只是制作方法不同而已。摘下来的茶叶如果经过"杀青"并不加以发酵，就会成为绿茶；如果不经过"杀青"而经过发酵，叶子就会变成褐色，成为红茶。可是绿茶和红茶对人体的功效几乎是一样的。

审 判 长：现在开始宣读审判结果。绿茶的叶子摘下来后，如果经过"杀青"并不加以发酵，就会成为绿茶。可是罗热多在痴人罗王国买的绿茶并没有经过"杀青"，所以在运输途中叶子发酵变成了红茶。但是绿茶和红茶仅仅是味道、香味不同而已，对身体的作用几乎是一样的。

审判结束后，罗热多告诉马美味，绿茶和红茶只是味道、香味不一样，其对人体的作用是一样的。马美味最终推出了以"痴人罗红茶"命名的商品，结果大受消费者的欢迎。

绿茶和红茶

 绿　茶

　　中国和印度是最早开始生产并消费绿茶的国家，之后绿茶传到日本、锡兰、爪哇等国。如今中国和日本是生产绿茶的大国。根据制作过程中茶叶的发酵程度，可以将茶分为绿茶、红茶和乌龙茶。不管是哪一种茶，都是以茶树的叶子为原料制成的。制茶所需原料是茶树新生枝条上的小叶子。这些叶子一般分三次采摘，分别在5月、7月和8月，其中在5月采摘的叶子可以制作出最高品质的茶。

植物也分雌雄吗？

植物也是有性别的吗？

科学王国里有很多学会。其中有两个学会的竞争最为激烈，那就是动物学会和植物学会。两个学会的人只要一见面，就会相互吵架。几乎所有的人都知道，这两个学会是死对头。因此一般不会同时邀请这两个学会参加活动。

走进案件

金彼迪在广播电台上班，他是一档访谈节目的导演。这周正好赶上电台开播60周年纪念日，台里打算播出100分钟的"与动植物相关的访谈会"节目。作为电台开播特辑，大家对这一期的节目都很重视，领导也不断给金彼迪施压。问题是邀请谁来做嘉宾呢？依据本次节目的主题，必定得邀请动物学会和植物学会的有关人士，但是金彼迪比谁都清楚这两个学会间的矛盾，所以迟迟拿不定主意。

植物也分雌雄吗？

　　播出的日子越来越近，金彼迪由于压力太大都开始掉头发了，而且每天都强睁着一双熊猫眼。

　　"呃啊啊啊！再这样的话，我可就先疯掉了。唉，不管啦。他们应该不会在节目里打起来吧？"

　　叮铃铃！

　　"喂，这里是动物学会。"

　　"你好，这里是广播电台。我们这次的节目与动植物有关，请问你们可以作为嘉宾来参加节目吗？"

　　"当然可以了。"

　　"太感谢了，那到时见。"

　　"唉，解决一个了，还有一座山要翻呢。"

　　叮铃铃！

　　"喂，这里是植物学会。"

　　"喂，事情有点复杂……我们台创立60周年的节目主题是'与动植物相关的访谈会'，请问你们可以参加节目吗？"

　　"当然可以了。"

　　"您同意了？嗯，好的，我明白了。"

　　金彼迪解决完嘉宾问题后，就像所有的事情都做完似的，感觉轻松极了。

　　"啊哈，自由了，哈哈！"

开播的日子终于来了。动物学会的代书会长和植物学会的英表会长最终还是见面了。

"哼！你怎么也来了？我突然讨厌上节目了，这是为什么呢？"

"你说什么？害怕的话就直说。你应该诚实一点儿。也是，论头脑的话，还是我聪明些。嘿嘿！"

"说什么大话！我要灭一下你嚣张的气焰！"

广播之前，两个人一直在打嘴架。

最终广播开始了。广播员说完开场白后，先把麦克风递给了植物学会的英表会长。

"今天我要在此爆一个料！我们植物学会经过长久以来的反复研究，发现了一个事实。那就是不光动物有雌雄，植物也有雌雄。"

没等英表会长说完，代书会长就把麦克风抢了过去："天呐，这个无知的人！你真的是植物学会的会长吗？怎么能说植物有雌雄呢？没用的东西！"

"什么，说我没用？"

"死脑筋的人！真是可惜了用掉的研究费。"

两人在节目播出期间不停地吵架，结果电台开播纪念特辑访谈会不到100分钟就结束了。植物学会会长从广播电台走出来后，还是没有消气，于是气呼呼地去了生

植物也分雌雄吗？

物法庭。

　　"说我是没用的东西？哼，今天所受的耻辱，我要原封不动地还回去！"

　　植物学会的英表会长把动物学会的代书会长告上了生物法庭。

大部分植物为雌雄同株，然而也有一些植物是雌雄异株，比如银杏和蕨类。

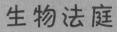

植物也有性别吗？

让我们一起在生物法庭上弄清楚吧。

生物法庭

审 判 长： 有请被告方辩护。

盛务盲律师： 植物没有性别。花有雌蕊、雄蕊。但是雌蕊和雄蕊都是存在于同一个植物体上，从来没见过雌蕊、雄蕊分开生长的情况。所以植物不分雌雄的。

审 判 长： 请原告方陈述。

BO 律 师： 我方邀请到了植物生态研究专家池罗憩博士出庭作证。

池罗憩身穿白色礼服，坐到了证人席上。

BO 律 师： 植物也有性别吗？

池 罗 憩： 当然了。植物是生物，因此也有繁殖后代的能力。植物通过种子来繁殖后代。

植物也分雌雄吗？

BO 律　师：那种子是怎么形成的呢？

池　罗　憩：花凋谢后，就结成种子。花蕊中有雄蕊与雌蕊，它们分别相当于动物体内的精子和卵子。

BO 律　师：那么，所有植物的花，雄蕊与雌蕊都是长在一起的吗？

池　罗　憩：不是的。有的花，雌蕊与雄蕊是分开的。还有的雌花和雄花根本不长在同一株植物上。

BO 律　师：真神奇啊。还有雌雄分开的植物？

池　罗　憩：雌花和雄花长在同一株植物体上的植物，称为"雌雄同株"。雌花和雄花分开长的植物，称为"雌雄异株"。

BO 律　师：雌雄异株的植物有哪些啊？

池　罗　憩：最常见的莫过于银杏树了。银杏树分为雌性树和雄性树。此外，雌雄异株的植物还有石刁柏、麻、桑树、菠菜等，还有包括蕨菜在内的大部分蕨类植物。

BO 律　师：我们常见的银杏树也有雌性树和雄性

植物也分雌雄吗?

树之分。所以植物也分雌雄，这是有科学依据的。

审 判 长：现在开始宣读审判结果。植物的雌花和雄花一般是生长在同一株上的，但是像银杏树这样雌雄异株的植物也很多。所以，植物学会认为有的植物雌雄异株，这是符合科学道理的。

审判结束后，植物学会非常得意，他们非常鄙视动物学会。然而，此后动物学会提出了一个观点：有的动物是雌雄同体。这个观点让植物学会无法理解。所以两个学会又开始争论起来。

 世界上最古老的树

世界上最古老的树之一叫作玛士撒拉树，它生长在美国加利福尼亚州毕晓普镇附近的白山里。它是一种松树，因为浑身长有节，又满是伤疤沟壑，所以被叫作活着的朽木。这棵树长有松针一样的叶子，是同类中年龄最大的，有人说它有6400多岁，有人说它有4700多岁了。因为它寿命很长，所以就给它起名为玛士撒拉树。玛士撒拉是《圣经》里一位老人的名字，他活到了969岁。玛士撒拉树生长速度非常慢，100年也就长粗3厘米。

植物的结构

植物由叶、茎、根、花四部分组成，它们的功能各不相同。

植物与动物不同，它可以自己合成有机物，合成场所就是叶子。在叶绿体内，经气孔进来的二氧化碳和通过根部吸收上来的水，会在阳光的作用下发生化学反应，转化成有机物。

植物茎内有两种管子，它们被称为维管束。

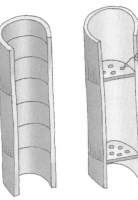

穿透细胞壁的小孔

导管切面　　　筛管切面

导管和筛管的切面图

●导管：向上运输根部吸收的水分。位于维管束的内侧。

●筛管：将叶子制造的有机物运输到植物的各个部位。位于维管束的外侧。

有些植物的茎长得很奇怪。草莓的茎匍匐在地上。土豆的茎可以贮存营养物质。蝴蝶花的茎长在地下。枸橘的茎是针状的。葡萄的茎演变成了藤，向上缠绕着生长。仙人掌的茎很宽，像叶子一样。

植物的根可以从土地中吸收水分。根部吸收的水通过茎内的导管被运送到叶子里。根是怎样穿透土地的呢？这很简单。根的末端有分生区，那里含有促进根部生长的激素。根部还有保护分生区的根冠。因此根尖就可以穿透土地。

根是怎样吸收水分的呢？水有一个特点，就是从溶液浓度低的地方流向溶液浓度高的地方。因为根部里的细胞液的溶液浓度高，而土壤里的水溶液浓度低，所以土壤里的水分就进入了根部。

有些植物的根长得很奇怪。红薯的根可以贮存营养物质。玉米的根钻出了地面，支撑着身体。爬山虎的根附着在其他物体上生长。槲寄生的根插在其他植物上。

我们现在来了解一下花吧。雄蕊的花粉落到雌蕊柱头上的过程，叫作传粉。传粉的方式多种多样。

• 依靠昆虫传粉：大部分的开花植物。

• 依靠风力传粉：松树和大麦。

• 依靠水流传粉：像苦草、黑藻、茨藻、金鱼藻之类的水生植物。

再讲一下受精吧。落到雌蕊柱头上的花粉中含有精子。精子通过花粉管到达子房，与子房内的胚珠结合的过程，叫作受精。受精后，胚珠长成种子，子房长成果实。

花分为完全花和不完全花。

●完全花：雌蕊、雄蕊、花瓣、萼片四部分俱全的花。

●不完全花：雌蕊、雄蕊、花瓣、萼片中至少缺少一部分的花。

依据花瓣的模样，花分为合瓣花和离瓣花。

●合瓣花：花瓣连合在一起的花。

●离瓣花：花瓣相互分离的花。

花有各种各样的颜色，这是因为花里所含色素不同。

●红色的花，蓝色的花：含有花青素。

●黄色的花，朱黄色的花：含有叶红素。

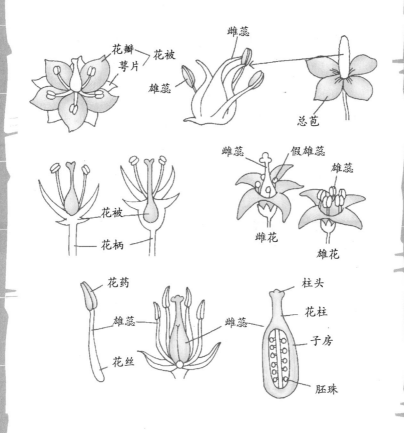

种 子

植物的种子有大有小。种子的外面包裹着种皮，种皮里面有胚乳，胚乳里面有胚。胚由子叶、胚芽、胚轴和胚根组成。胚乳里贮藏着胚发育所需的营养物质。我们平时吃的稻米、小麦、玉米、大麦等就是种子的胚乳部分。

可是，有的种子没有胚乳，比如菜豆。菜豆没有胚乳，营养物质贮存在子叶里。我们吃的菜豆、红豆就是种子的子叶部分。

种子的萌发

种子的萌发需要空气和水。种子就是依照下面的顺序萌发的。

（1）种子长出根。

（2）根扎进土壤。

（3）胚芽钻破种皮长出来。

（4）胚芽钻出地面。

种子的传播方式

种子的散布，称为传播。种子的传播方式大体上可以分为以下三种：

● 风传播：

这些植物的种子带有如翅膀或羽毛状的附属物，可以像降落伞一样飞行。比如枫树、松树、蒲公英、苦菜等。

● 爆裂并弹出种子：

这些植物的果实一碰就会爆裂。例如牵牛花、凤仙花、酢浆草、白花紫藤等。

● 黏附到动物的毛或人的衣服上传播：

这些植物的种子生有刺毛，很容易黏附到人的衣服上或动物的皮毛上。例如鬼针草、苍耳、窃衣等。

与蔬菜有关的案件

土豆 —— 发芽的土豆

大豆 —— 蛋白质食品

生菜 —— 吃生菜毁相亲

西红柿 —— 撒糖的西红柿

发芽的土豆

发芽的土豆

为什么吃了发芽的土豆会拉肚子呢？

走进案件

"妈妈，您今天可真美啊，光彩照人啊。"

"是啊。母亲大人，您就是化妆美女。"

"哈哈，妈妈！别听他的，估计他现在还没睡醒，说胡话呢。"

"是的。妈妈不化妆也很漂亮。"

安铁紫主妇的两个孩子今天有些反常，从一大早就开始努力讨好她。

"这些把戏！即使骗得了鬼也骗不了我，我可是天下第一的安铁紫。说，是不是想要什么了？否则怎么可能一大早就开始拍我马屁呢。"

"母亲大人好眼力啊！"

"妈妈！蒸土豆一直在女儿眼前晃啊，晃啊……"

"想吃蒸土豆了？"

"嗯。"

"好吧。可是世上没有免费的午餐。"

"那么……"

"妈妈去买土豆，你们呢，要把家里打扫得干干净净。干净到一尘不染的程度才行。"

"嗯，明白！"

"那么，妈妈走了啊！呵呵！"

安铁紫主妇以惊人的速度化好了妆，不，简直是乔装。她交代完孩子们之后，就去市场了。

"别嘀咕了，赶紧打扫吧！没有让我们往没底的缸里装满水，已经是很幸运了！"孩子们一边嘀咕着，一边开始打扫起来。

转眼间，安铁紫来到了离家不远的一家商店。

"土豆呢？"安铁紫使劲地睁着她那双小眼睛，四处张望着找土豆，最终看到了放在角落里的土豆。

"天呐！土豆，原来你在这里啊，我找你找得好苦。嗯？你本来就长这样吗？你真的是土豆吗？"

奇怪的是，每个土豆都长了绿绿的小芽。

"啊，我知道了！你们是最近才出的新品种吧。长着芽的样子也不错呢。尽管有点儿奇怪，可是孩子们会喜欢你们的吧。呵呵！"

发芽的土豆

　　安铁紫感到非常满足，她买了很多长芽的土豆，提着回家了。

　　"女儿，儿子！打扫好了吗？"

　　"打扫得干干净净的，苍蝇趴上去都打滑。"

　　"呵呵，这么乖！我给你们买来了特种土豆。"

　　"特种土豆？"

　　"嗯，是的。呵呵！别问那么多了，知道得太多对你们没有好处！"

　　孩子们虽然有些好奇，可是一想到马上就能吃到美味的蒸土豆，也就不去问那么多了。安铁紫小心翼翼地洗干净土豆，尤其是生了芽的部分，然后把土豆放到锅里蒸了。

　　"嗒，让我们拭目以待吧！很快就蒸熟了！"

　　"哇！好久都没闻到土豆的香味了！"

　　"来！这就是蒸特种土豆。"

　　"哎呀！这是什么？土豆怎么发芽了？"

　　"凭妈妈的直觉，这肯定是新品种，还没有正式对外公开的超级土豆。"

　　"超级土豆？"

　　"绝对会有益于健康的。哈哈……赶紧吃吧！还有很多的，慢慢吃，别打架啊！"

　　孩子们虽然觉得土豆有点儿奇怪，但是蒸土豆的香味儿不停地挑逗着鼻子。他们顾不了那么多了，马上开始吃了起来。

　　可是，第二天早晨发生了奇怪的事情。

　　"妈呀，我的肚子啊！"

　　第一个孩子早晨一睁开眼睛就跑进洗手间了，再也没有出来。第二个孩子手捂着肚子，满屋里打滚儿。

　　"啊啊啊，我的肚子啊！"

　　"你们这是怎么了？"

　　"不知道！啊，好像要吐了。"

　　捂着肚子打滚的那个孩子马上跑到外面，哇哇地吐了好一会儿。

　　"腹泻，肚子疼，还呕吐。孩子们怎么突然会这样呢？"

　　两个孩子不停地喊肚子疼，安铁紫这才意识到事情的严重性，于是仔仔细细地回想起来："昨天吃的是……对，那个超级土豆太可疑了，怎么想都觉得是它搞的鬼。"

　　昨天蒸了太多土豆，中午没有吃完，所以安铁紫没有做晚饭，晚上就让孩子们吃了中午剩下的土豆。所以安铁紫认为一定是土豆的问题。

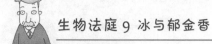

发芽的土豆

　　"女人特有的第六感告诉我，一定是土豆的问题。他们怎么能卖给顾客那样的土豆呢？不行！绝对不能便宜了他们！"

　　安铁紫感觉很愤怒。她认为孩子们现在腹泻及呕吐，都是因为那家商店卖给了她发了芽的土豆，所以她把那家商店告上了生物法庭。

土豆发芽的话，要把芽和芽周围的地方都挖掉才可以吃。这样才不会中毒。

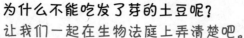

为什么不能吃发了芽的土豆呢？
让我们一起在生物法庭上弄清楚吧。

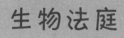

生物法庭

审　判　长：请被告方辩护。

盛务盲律师：我们既吃红薯的芽，也吃大蒜的芽。好吃，啧啧！

审　判　长：这就是你的辩护？

盛务盲律师：不是的。只是突然想起了中午吃的特色蔬菜拌饭……

审　判　长：啧啧，又开始了。不辩护了吗？

盛务盲律师：要辩护！红薯是土豆的好朋友，如果可以把它的芽当蔬菜吃的话，那么土豆的芽也没有什么毒性。

审　判　长：请原告方陈述。

发芽的土豆

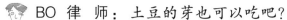

BO 律 师：我们通常会把红薯的芽当蔬菜吃，这样很安全。但是土豆要是发芽的话，一定要把芽挖掉再吃。我们邀请到了营养学博士多全吃出庭作证。

多全吃博士坐到了证人席上。

BO 律 师：土豆的芽也可以吃吧？

多 全 吃：绝对不能吃，这是有毒的。

BO 律 师：土豆的芽有毒？

多 全 吃：是的。虽然不如毒蛇的毒素严重，但是对人体也很不好。

BO 律 师：那是什么毒素呢？

多 全 吃：一种叫作龙葵素的成分。人们吃了龙葵素会出现中毒症状。最常见的就是出现呕吐、腹泻这些食物中毒症状和眩晕症状。严重的话，会发生意识障碍。

BO 律 师：这样说来，绝对不能吃发了芽的土豆喽？

117

发芽的土豆

多　全　吃：不是的。挖去土豆的芽和周围变绿的部分，就可以吃了。

BO 律　师：毒素也会扩散到其他地方的呀？

多　全　吃：虽然会扩散一点儿，但是充分加热之后再吃就可以了。

BO 律　师：我听说龙葵素可以制药。

多　全　吃：是的。加入极少量的龙葵素，不会导致食物中毒，而且可以用来治疗哮喘、支气管炎、癫痫等病症。

BO 律　师：土豆的芽里含有一种叫作龙葵素的有毒物质，我们吃到肚子里的话，会出现食物中毒的症状。所以吃这样的土豆时，首先要切去土豆的芽和周围绿色的部分，然后把土豆充分加热。这样才能防止中毒。

审　判　长：现在开始宣读审判结果。土豆的芽里有毒，人们吃了之后，会让人食物中毒。然而商店老板不顾这些，出售发了芽的土豆，这种做法是错误的。发

芽的土豆经过妥善处理后，不会导致人们食物中毒。可是安铁紫却没有这么做，所以她也是有责任的。

审判结束后，商店老板在摆放有土豆的角落里，贴了生芽土豆的处理办法。而安铁紫那一段时间则不得不满足孩子们提出的所有要求。

土 豆

　　土豆具有清洁血液、改善气色、填饱肚子、强健消化器官的作用。这些功能自古以来就广为人知。土豆不仅有药理作用，而且副作用也不大，所以常被当作民间秘方，用来治疗恶性肿瘤、高血压、动脉硬化、心脏病、肝病等慢性疾病。

　　土豆的成分大部分是淀粉，但是也有大量的维生素B_1、维生素B_2、维生素C、泛酸和钾。其中值得注意的是土豆含有维生素C。维生素C具有多种多样的功效，例如缓解压力，增强对感冒的免疫力，促进铁的吸收，降低胆固醇，抑制病毒感染和致癌物质的产生等。可是维生素C却具有遇热易被破坏的特点。而土豆里的维生素C被淀粉粒子包裹着，所以即使土豆被蒸熟了，维生素C受到的破坏也很小。

蛋白质食品

蛋白质食品

大豆为什么被叫作地里长出来的肉？

走进案件

科学王国的差异市有很多有名的小吃店，很多小吃店聚在一起，就形成了小吃胡同。小吃胡同是有名的观光地，只要是来差异市的游客，都会光顾这里。

顺着小吃胡同往里走，快到尽头的时候，会看到两个面对面的店。它们就是专做大豆的"豆餐厅"和专做肉排的"肉餐厅"。两家店都有很长的历史，他们之间的关系一直很不好，可以说从来就没有好过。

"哼，您这是要去市场啊。"

"多管闲事！不要站在外面了，还是进店里捉苍蝇吧。您站在外面，胡同里的水都会变浑的。"

"你说什么！这话说的应该是你自己吧？不要弄浑了水，接着走你的路吧。"

两人相遇，总会吵架。他们都禁止自己的家人和对面的人说话。

"不要见豆餐厅的人，也不要和他们说话！"

"我知道你们不会那么做的，但是还是忍不住要叮嘱你们几句。千万别想和肉餐厅的人友好相处。哪怕是说一句话，也是对爸爸的背叛，背叛！知道了吗？"

两个爸爸就是这样跟自己的家人说的。因此两家门前总是很安静，就像是暴风雨之前的宁静。奇怪的是，不知从什么时候开始，肉餐厅里经常客人爆满。

这天，肉餐厅里的客人多得吓人，队都排到门外了。

"嗯？怎么回事？那个胖子到底在搞什么？"

这时，门"哐"的一下打开了，大儿子气喘吁吁地走进来。

"爸爸，大事不好了。"

"什么事？"

"现在对面店的客人排起了长队，连电视台都去那里采访了呢。对了！'健康旅游'节目的主持人真漂亮啊。嘿嘿！"

"说什么呢？"

"哦，餐馆前面连横幅都挂了。"

"是……是吗？那个胖子写了什么？"

"什么来着……我刚才明明记住了呀。"

蛋白质食品

"没用的家伙！所以平时让你多学点儿东西，多用脑子嘛。两家才相距几步呀，这么快就忘了。"

"我再去看看不就得了嘛。"

大儿子嘟嘟囔囔地走出去，一会儿就又回来了。这次为了防止忘记，他一路上都在嘟嘟囔囔地重复着。

"嗯……写着'肉是蛋白质含量最高的食物，本店出售健康放心的肉排。'"

"最近生意相当不好，哼！我们不能这样干坐着了。"

"那怎么办呀，爸爸？"

豆餐厅老板好久没有这么紧张了。此时正绞尽脑汁地思考着。过了一会儿，他脸上露出了笑容，然后跑到地下室取了点儿东西上来。

"这不是扬声器吗？"

"嘿嘿，我有一个好主意。"

"爸爸！不会是，不会是用这个……"

"什么不会啊！没有比这更好的办法了。哈哈！"

"爸爸……"

"别废话，跟我来。"

豆餐厅老板不顾家人和职员的阻拦，走到餐厅门前，开始对着扬声器说话。

"大家好，你们是来小吃胡同寻找健康食品的吗？这里有你们找的健康食品，这个时代最后的健康食品——大豆。大豆不仅是蛋白质含量最高的食品，还含有丰富的营养物质。无需多言，它就是最好的健康食品。我们这里的大豆菜肴非常好吃，两个人一起来的话，会因为抢着吃而吵架呢。"

在肉餐厅前排队的顾客和电视台的记者都对这番话很感兴趣，于是开始陆续走向豆餐厅。

"来来来，先尝尝，快请进，请，请……"

豆餐厅老板把围过来的人强行推进自己的餐厅，然后伸出手比划了一个"V"字形后，"哐"的一声关上了门。

肉餐厅老板看到这样的情况后，气得脸都红了。

"那个……那个……只会做豆子的家伙，竟然把我们的客人都抢走了。"

肉餐厅老板尽心尽力招揽到的顾客，却被豆餐厅老板耍手段抢走了。他越想越气，于是气咻咻地走向豆餐厅。

"嗯？谁啊？是来吃大豆菜的吗？"

"诡计多端的小人！"

"你这是在哪儿嚷嚷呢？"

"在我们餐馆门前排队的客人都被你抢走了！"

蛋白质食品

"你在说什么？我怎么完全听不懂呢？哼！"

"还抵赖！还有，说什么大豆含有蛋白质？竟然做这种虚假广告？你这个栗子……"

"你说什么？栗子？我在这个世上最讨厌的话当中，排第九位的就是栗子。你竟然说得出来……"

"哼，要不要我把你讨厌的话从头到尾说个遍？"

"我不想听，你赶紧出去，我们还要做生意呢。儿子，把这个人送走吧，再撒点儿盐去去晦气。"

儿子按照爸爸的吩咐，把肉餐厅老板拖了出去，并撒了一瓢盐。肉餐厅老板，不仅被抢走了客人，还受了如此侮辱，心中的怒火无法平息。

肉餐厅老板一夜没睡，天一亮就去生物法庭，以欺诈罪告了豆餐厅老板。因为他欺骗客人说大豆是蛋白质含量最高的食品。

含蛋白质最多的植物就是大豆。大豆的成分中有40%是蛋白质，20%是脂肪。

大豆含蛋白质吗？
让我们一起在生物法庭上弄清楚吧。

生物法庭

审 判 长：审判现在开始。请原告方陈述。

盛务盲律师：蛋白质存在于动物体内。拿人类来说，我们的皮肤、头发和体内的器官都是由蛋白质构成的。总听人们说，我们吃的肉里含有大量的蛋白质。然而，从来没有听过植物里也含有大量蛋白质。这简直就是痴人说梦嘛。所以说，豆餐厅老板撒谎了。

审 判 长：请被告方辩护。

BO 律 师：蛋白质只存在于动物体内吗？我们邀请到了营养学博士多全吃博士出庭作证。

蛋白质食品

多全吃博士坐到了铁制的证人席上，椅子腿已经变得有些弯曲了。

BO 律师： 蛋白质只存在于动物体内吗？

多全吃： 不是的。植物也含有蛋白质。蛋白质可分为动物性蛋白质和植物性蛋白质两种。

BO 律师： 两种蛋白质有区别吗？

多全吃： 蛋白质由氨基酸构成。在我们体内无法合成，只能从食物中吸收的氨基酸，称为必需氨基酸。与植物性蛋白质相比，动物性蛋白质含有的必需氨基酸多一些。

BO 律师： 那么，只吃动物性蛋白质才可以吧。

多全吃： 并不完全是这样的。与动物性蛋白质相比，植物性蛋白质含有的必需氨基酸尽管不足，但是与别的食品一起吃，可以弥补不足的成分。

BO 律师： 有点儿难懂。

多全吃： 举一个例子吧。我需要红球、黄球、

蛋白质食品

蓝球和黑球，而1号袋子里有红球和黄球，2号袋子里有蓝球和黑球。这时，如果只拿1号袋子或只拿2号袋子都不能满足我的需求。所以，如果把1号袋子和2号袋子里的球混起来后再拿走的话，就能满足我的要求了。

BO 律 师：哦，这样啊，我现在明白了。什么植物含有的蛋白质最多呢？

多 全 吃：大豆。大豆里含有的必需氨基酸很多，与动物性蛋白质相当，被称为"地里长出来的肉"。

BO 律 师：听说吃大豆饭有益健康，原因是什么呢？

多 全 吃：大豆的成分中有40%是蛋白质，20%是脂肪，而它含有的碳水化合物却不多。大米就不一样了，大米含有大量的碳水化合物，所以吃大豆饭时，碳水化合物、蛋白质、脂肪三大营养物质都能吃得到。

BO 律　师：大豆虽然是植物，但是含有大量的蛋白质，被称为"地里长出来的肉"。所以，豆餐厅老板说大豆含有蛋白质，是正确的，并不构成欺诈罪。

审　判　长：现在开始宣读审判结果。大豆虽然是植物，但是蛋白质的含量决不亚于肉类，含有的蛋白质也绝不亚于动物性蛋白质。所以，本庭宣布豆餐厅老板无罪。

　　审判结束后，光顾豆餐厅的客人更多了。豆餐厅又推出了更多种类的大豆菜肴，成为科学王国第一家大豆菜肴专卖店。

发豆芽

　　把豆子放进水里泡一晚上。然后取一个普通的1.5升容量的塑料瓶，剪掉一半，用锥子在塑料瓶瓶底戳一些小孔，把泡好的豆子放进塑料瓶里，在瓶子底垫一个浅盘，然后在瓶子的上方蒙上黑纸。因为豆芽见光，会变成浅绿色，产生微量毒性，所以一定要避光。随时浇水的话，不到一周，豆芽就能长得很高。

吃生菜毁相亲

吃生菜毁相亲

吃生菜真的会犯困吗？

走进案件

"啊呀，多么美好的清晨啊！"

"哦，我还没叫你起床呢，怎么就起来了啊！今天太阳从西边出来了吗？得赶紧给气象台打个电话呀！"

"哈哈，吓到了吧！"

"你哪里不舒服吗？没有发烧吧？"

"再这样我生气了啊。我决定了，从今天开始重新做人。"

大学生常忧郁和金救救在学校附近租了一个可以做饭的房子。平时的早上，金救救要叫好几遍后，常忧郁才能勉强起床。可是今天常忧郁却早早地起来了。这让金救救一时摸不着头脑。

"难道你洗澡了？"

"哎哟，我的朋友啊，我什么时候不洗澡了？"

"嗯，你经常不洗呀。这在学校都很有名呢。"

"大家都知道啊，这还真有点儿麻烦。不过从今天开始我要洗心革面了。所以，你忘了以前的我吧。"

"你是不是遇到什么事情了？对了，你不会是受到什么刺激才变成这样的吧？"

"呵呵，不要问了！知道太多对你没好处的。"

"看你笑得那么开心，不像是有不好的事情啊。快点儿告诉我吧。我可是你最好的朋友啊。"

"是这样的。嘻嘻……我今天有个相亲。"

"什么？相亲？谁会给你安排相……"

"你现在是在鄙视我吗？哼！不过看在我今天心情好的份上，暂且饶了你。"

"女孩是谁啊？"

"我告诉你的话，你一定会吓一跳的。呵呵……就是咱们学校全体男生的梦中情人——舞蹈学院一年级有名的美女金锣锣！所以我一大早就起来收拾自己了。"

"呵呵，你说的是舞蹈学院7班的美女金锣锣吗？脸小小的，用一张CD就能遮得住。长着一双深邃的眼睛，还有小巧玲珑的鼻子和樱桃小嘴。周身仿佛散发着闪闪光芒，让人无法靠近，只能远远地望着。是她吗？"

"呵呵……惊讶吧，我没有骗你呢。"

"啊！不可以。为什么不是给我介绍，而是给你！我

吃生菜毁相亲

可是有名的完美男人，而你，又脏又懒……"

"不要绝望嘛，幸运女神早晚也会找到你的。"

"哼哼！"

"喂，我吃完午饭再去。今天轮到你做饭了吧？辛苦了，朋友！"

金救救受了打击，好大一会儿都晕晕乎乎的。然后有气无力地走进厨房，开始准备午饭，此时他周身散发着郁闷的气息。

"啊……好香啊。"

"你亿万年都没有相过亲了。当然要为你准备特别的午饭，来庆祝庆祝喽。"

"谢谢！非常感谢！"

"唉，真嫉妒你啊！不过还是忍痛割爱把金锣锣让给你吧。快点儿吃吧。"

"哇！这不是生菜包饭吗？你一年也做不了一次的啊。"

"吃吧。"

吧唧，吧唧……"金救救牌的生菜包饭就是天下第一，太好吃了。"

常忧郁今天起得比平时早，所以现在肚子特别饿。他开始狼吞虎咽地吃起来。

"啊，撑死了。"

"你吃得真多。我现在该去打工了，拜拜。"

"慢走！"

金敕敕出去了。常忧郁看了看手表，发现还有好一会儿才到约会时间，所以就待在家里休息一会儿。

"啊……怎么这么困呢？"

常忧郁坐在书桌前困得直点头，不一会儿就倒在地上睡着了。

"常忧郁现在应该正美滋滋地和美女一起约会吧。"

金敕敕气喘吁吁地回到家，打开灯，走进房间。

"呼噜呼噜……"

"咦？这是什么情况？这么快就相完亲回来了？不用问也知道，肯定是被拒绝了，所以早早地回来了。喂，起来吧！"

常忧郁躺在地板上呼呼大睡，金敕敕使劲晃醒了他。

"嗯？现在几点了？"

"8点了。你被拒绝了？"

"啊！大事不好了，怎么这么晚了呢！说好4点见面的。怎么办呀？事情怎么成了这样？"

"什么啊？这么说你一直睡到现在？"

常忧郁撕扯着自己的头发，狂躁起来。

吃生菜毁相亲

"哎，镇定一点儿。事情都已经这样了。"

"不知为什么，我吃完饭就困得不行……难道是？"

"是什么？"

"你忌妒我去相亲，就故意在饭里放了让人犯困的药，是不是？"

"你说什么？我那么费心费力地给你做饭……"

"别假惺惺的了，你分明就是故意放了药，好让我相不成亲。如果不是这样的话……我怎么会吃完饭后，就莫名其妙地犯困呢。"

"真是的！气死我了……"

"好不容易得到的机会就这么白白错过了。我是不会原谅你的！"

"哼，我没有放药。"

常忧郁认为自己错过了相亲都是因为金救救，于是将他告上了生物法庭。

除生菜外，燕麦、大麦、生姜、西红柿、南瓜籽、香蕉等也有助睡眠。

吃生菜为什么容易犯困?
让我们一起在生物法庭上弄清楚吧。

生物法庭

审　判　长：审判现在开始。请原告方陈述。

盛务盲律师：常忧郁亿万年也遇不到一次相亲。而
且常忧郁因为总是一副忧郁的样子，
至今还没有谈过女朋友呢。这么好的
相亲机会就这么白白错过了，他该有
多难过啊！这分明就是长相黝黑的金
敕敕嫉妒他，在饭里放了安眠药。

审　判　长：请被告方辩护。

BO 律　师：我比较关注常忧郁吃了"生菜包饭"
这个事实。我们邀请到了失眠治疗诊
所的水明际院长出庭作证。

　　水明际院长坐到了证人席上，勉强睁着
他那双惺忪睡眼。

136

吃生菜毁相亲

BO 律 师：经常吃生菜的话，很容易犯困。这是真的吗？

水 明 际：是的。多吃生菜易犯困。

BO 律 师：这是因为生菜里的什么成分呢？

水 明 际：生菜含有一种叫作山莴苣膏的物质。这种物质有助睡眠。当我们切断生菜的叶或茎的时候，会有乳白色的黏液流出。而山莴苣膏就存在于这些黏液里。

BO 律 师：所有人吃了生菜都会犯困吗？

水 明 际：不是的。人们的体质不同，所以反应也就会不同。这就好比有的人喝了咖啡一整夜都睡不着，而有的人即使喝很多咖啡，也能睡得很香，这是一个道理。

BO 律 师：除了生菜，还有什么食物有助于睡眠呢？

水 明 际：还有燕麦、大麦、生姜、西红柿、南瓜籽、香蕉等。

BO 律 师：人们吃的有些保健品也能促进睡眠，

吃生菜毁相亲

其中含有什么呢？

水　明　际：其中含有褪黑素，褪黑素是一种具有催眠作用的物质。大脑分泌这种物质时，我们就会睡着，减少分泌时，我们就会醒来。也就是说，身体内褪黑素含量多的话，我们就会睡着，少的话，我们就会醒来。

BO　律　师：据说睡前喝一杯热牛奶，有助于睡眠。这又是为什么呢？

水　明　际：缺钙是导致失眠的原因之一。喝牛奶补充了钙质，我们就能很快睡着了。另外，牛奶里含有大量合成褪黑素的原料——色氨酸。

BO　律　师：生菜里含有有助于睡眠的成分。它对人们的作用不尽相同。而常忧郁属于吃了生菜就容易睡着的那一类人。他去相亲之前吃了很多生菜，所以可以推断，他是因为这个原因才错过了相亲，而不是因为饭里被放入了安眠药。

审 判 长：现在开始宣读审判结果。常忧郁吃了

很多生菜包饭，从生菜里摄取了大量

山莴苣膏。这就是他睡着的原因。虽

说人们对山莴苣膏的反应不尽相同，

但是对一般人来说，吃了生菜之后就

容易睡觉。所以本庭宣布，金敕敕是

有责任的。常忧郁吃了很多生菜后，

感到很困，而他并没有努力驱除睡

意，而是去睡觉。所以常忧郁也是有

责任的。

审判结束后，两个人好一段时间都没有和平相处，经常吵架。但是没有女朋友的孤独最终又使两人和好如初了。

生 菜

生菜是一种被广泛种植的蔬菜，原产于欧洲和西亚。茎分叉，分出很多枝，高90~120厘米，周身无毛。根部长出的叶子是椭圆形的，叶大，最大的叶子长20~35厘米，宽25~39厘米。叶生长在茎上，越往上的叶子越小，最上面叶子基部长得像箭的后端，包裹着茎，叶子两面褶皱很多，边缘有不规则的锯齿。6~7月开黄花，开花时很多小花聚集在枝的末端。

撒糖的西红柿

撒糖的西红柿

怎样吃西红柿才能不破坏里面的维生素呢?

走进案件

安贤明是科学王国里非常有名的生物学家。他有名不是因为他发表了优秀的论文,也不是因为有了可以名垂千古的重大发现,而是因为他是一个特别奇怪的人。20年里,他只研究蝗虫。去年有一天他还因为蝗虫闯祸了。他给幼小的蝗虫注射了一种奇怪的药,结果育成了体型超级大的蝗虫。因为这件事还进了派出所呢。可是有一部分蝗虫爱好者聚集在派出所门前示威,要求给予安贤明一个妥善的处理,他这才被勉强放出来。这件事后,他就被学会孤立了。

"啧啧,不好好搞自己的研究,还弄出了怪物……"

"谁说不是呢?他就是一个怪胎。"

"上次我去安博士家,他家里全是蝗虫,蝗虫到处乱蹦。吓得我马上就跑出来了。"

"我觉得叫他蝗虫博士最合适了。哈哈……"

虽说这样，可他却拥有粉丝，虽说数量很少，但毕竟也是粉丝啊。粉丝大部分都是"蝗虫思慕"协会的会员。在"蝗虫思慕"这个坚强后盾的支持下，他偶尔去外地演讲。

叮铃铃——

"喂。"

"博士！马上就到'蝗虫思慕'协会成立15周年的纪念日了，我们打算在乡村市举办一次大规模的聚会。希望能有幸邀请到博士您来演讲。"

"你们每次聚会都叫上我，真是我的荣幸啊！哈哈……"

"这么说您是同意了？我们将为您安排好住宿。到了乡村市请找'大大酒店'，这家酒店有着顶级服务，您一定会满意的。"

"知道了。"

安贤明博士没有事情做，于是马上收拾好了行李，动身去乡村市了。安博士可能是旅途太累，在酒店住下后，就感到很困。

"啊，困死了。现在是几点啊？"

咕噜咕噜……

"呃，肚子太饿了。吃点儿什么好呢？出去太麻烦，

撒糖的西红柿

还是叫一下客服吧。"

　　安博士连站起来都觉得麻烦，于是努力摆动脚趾去够脚边的电话。尝试了好多次后，终于抓到了电话。

　　"您好，这里是客服。"

　　"给我送一盘西红柿吧。对了，要把西红柿上的水擦干净，摘掉所有的叶子。啊，还有，要切成两半，这样吃起来比较容易。一定要记清楚啊！"

　　安博士结束了异常繁杂的订餐后，又用脚趾艰难地把电话推回到原处。

　　咚咚咚！

　　"进来！"

　　"我是这里的服务员。这是您点的西红柿……"

　　"啊！这是什么呀？怎么给我放糖了呢？"

　　"在我们酒店，客人点西红柿的话，一定要撒糖的。"

　　"我并没有要求放糖呀！"

　　"这是我们酒店的规定。"

　　"哼，你们的服务真是糟透了。不知道有定制服务吗？你应该知道服务应该合顾客的胃口才行啊。去给我换一份没有糖的西红柿来。"

　　"绝对不可以。"

"喂，服务员。撒了糖的西红柿对身体不好的。马上去换。"

"客人，您怎么这么胡搅蛮缠呀？西红柿对身体是很有益的。我只是撒了糖而已，没有什么大不了的啊？"

"真是的，怎么有你这样的人！知道我是谁吗？"

"你是谁啊？"

"林子大了真是什么鸟都有！你们酒店就是这样对待顾客的吗？"

"我们一直尽自己最大的热情为顾客服务。您干嘛说这么伤人的话！求你了，不要胡闹了，吃吧，多甜啊。"

"真是被您气死了！我一刻也不想待在这里了。你快出去吧。"

"那我放下西红柿走啦。"

安贤明想要一份没有撒糖的西红柿，可是服务员给他送来了一份加糖的，而且就是不同意给他换一份。安贤明很生气，胡乱地收拾了一下行李离开大大酒店。

"可恶的服务员。我一定要把你的坏毛病改过来。哼！"

安贤明找到了乡村市的生物法庭，将大大酒店告上了法庭。

西红柿撒上糖后吃就不容易利用其中的维生素B_1。我们体内缺少维生素B_1的话，很容易得脚气病，而且容易疲劳，注意力不集中，还会眩晕，消化不良。

为什么不能在西红柿上撒糖呢？
让我们一起在生物法庭上弄清楚吧。

生物法庭

审 判 长：审判现在开始，请被告方辩护。

盛务盲律师：西红柿几乎没有甜味。所以生吃西红柿的时候，我们通常会在上面撒很多糖后再吃。而且糖不会使西红柿变质，人们吃了撒了糖的西红柿，也不会生病。所以说，服务员没有错。吧唧吧唧……

审 判 长：被告方律师，你在干什么呢？

盛务盲律师：看不出来吗？吃西红柿呢。

审 判 长：上次吃橘子，这次又吃西红柿。你是不是想证明吃了撒了糖的西红柿也不会有事啊？

撒糖的西红柿

盛务盲律师： 审判长大人，这您都知道啊。不愧是审判长啊。要不您也尝尝？

审　判　长： 不用了。真是拿你没办法。唉，请原告方陈述。

BO 律　师： 我们邀请到了营养学博士多全吃出庭作证。

多全吃坐到了证人席上，刚坐上去，就把椅子压坏了。于是就只好站着发言了。

BO 律　师： 吃了撒了糖的西红柿会得病吗？

多　全　吃： 不会。虽然不会得病，但是会影响身体吸收必需的营养成分。

BO 律　师： 什么营养成分？

多　全　吃： 西红柿里含有很多营养成分。西红柿和糖一起吃的话，身体就无法吸收利用维生素B_1了。

BO 律　师： 这是为什么呢？

多　全　吃： 人体摄取糖后，会把糖分解成更小的物质，以使它容易被人体利用。进行这项工作时所必需的物质就是维生素

撒糖的西红柿

B_1。所以西红柿里的维生素B_1都被用于切割糖分了，无法被人体吸收利用。

BO 律 师：如果人体内缺少维生素B_1的话，会有什么样的症状呢？

多 全 吃：腿会浮肿麻木，甚至麻痹。还会经常感觉疲劳，注意力下降，眩晕，消化不良，食欲下降。

BO 律 师：西红柿最好的吃法是什么样的呢？

多 全 吃：当然是什么都不加直接吃喽。另外，加热后再吃也挺好的。加热后尽管会破坏西红柿里的维生素C，但是其他营养物质可以更容易被人体吸收。

BO 律 师：西红柿几乎没有甜味儿，所以我们通常会撒了糖再吃。但是糖却会妨碍人体吸收利用西红柿里的维生素B_1。所以吃西红柿时，最好不要放糖。

审 判 长：现在开始宣读审判结果。撒了糖的西红柿虽然好吃，但是西红柿中所含的维生素B_1都被用于分解糖分了，不能被

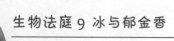

撒糖的西红柿

人体吸收利用。所以吃西红柿时，最好不要撒糖。本庭宣判大大酒店向安贤明先生道歉。

审判结束后，去大大酒店住宿的客人在点西红柿的时候，都要求不要撒糖。这最终使大大酒店修改了那条西红柿加糖的规定。

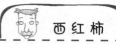

西红柿

西红柿又叫作番茄、洋柿子。原产于南美洲西部的高原地带。高约1米，分出好多小枝，枝上密密麻麻地长满软软的白毛。叶长15~45厘米，有特殊的气味。小叶有9~19个，卵形或长椭圆形，先端尖锐，有深度裂开的锯齿。花簇大概长在第八节的位置，之后每间隔三节长一个。6~8月开黄花，开花时每个花簇挂着几朵花。

水芹的用途

在中药处方里，水芹可以入药。水芹味甘辛，性凉，具有降火、利尿功效，所以如果中暑后嘴很干时，最好吃些水芹。水芹性凉，所以消化功能不好的人，还是少吃为宜。嗓子疼时，可以在水芹汁里加入蜂蜜，然后熬成浓汤喝。起痱子时，可以将水芹汁涂到痱子上。儿童积食、呕吐、腹泻时，可以在120毫升水里，放入5~6棵水芹，然后用文火慢炖，将水熬干后再吃。水芹对这些病症都有良好的治疗效果。

水芹可以帮助人体清除支气管和肺里堆积的废物，所以在烟尘多发地区工作的人最好多吃水芹。此外，水芹还具有清洁血液的功效；富含纤维素，能够缓解便秘；水芹的热量含量低，有利于减肥。

吃辣椒时，舌头为什么会感到火辣辣的呢？

辣椒有特别的辣味，是因为辣椒里含有

"辣椒素"这种物质。辣椒素具有很强的抗菌效果和抗癌功能。辣椒素是油溶性的，所以喝水也不能消除火辣辣的感觉。这时最好吃点儿米饭或面包，或者喝点儿牛奶。

红色的辣椒含有丰富的维生素，所以能预防冬季流行的感冒，但它也会刺激肠胃。辣椒里含有丰富的维生素A、维生素C，特别是维生素B_2。而且辣椒是超强的香辣调料。如果感到饭菜无味，吃不下去时，只要吃一根辣椒，就能促进胃酸分泌，加快血液循环，从而可以吃得下，吃得香。

绿色的辣椒放在盐水里或不太浓的醋里，泡上2~3个小时的话，辣味会消失，而对我们身体有益的营养成分的含量却不会发生变化。把泡过的辣椒做成菜的话，连小孩子都能吃。当我们因为感冒而嗓子很疼或头特别疼时，吃红辣椒会有很好的治疗功效。红辣椒还可以阻止血液凝固，降低胆固醇。此外，红辣椒对防治低血压也有一定的功效。

与生物交个朋友吧！

在写作这本书的过程中，有一个烦恼一直困扰着我。这本书究竟是为谁而写？对于这一点我感到无从回答。最初的时候，我想把这本书的读者定位为大学生和成人。但或许小学生和中学生对这些与生物密切相关的生活小案件也有极大的兴趣，出于这种考虑，我的想法发生了改变，把这本书的读者群定位为了小学生和中学生。

青少年是我们祖国未来的希望，是21世纪使我们国家发展为发达国家的栋梁之才。但现在的青少年好像对科学教育不怎么感兴趣。这可能是因为我们盛行的是死记硬背的应试教育，而不是让孩子们以生活为基础，去学习和发现其中的科学原理。

笔者虽然不才，可是希望写出立足于生活，同时又符合广大学生水平的生物书来。我想告诉大家，生物并不是多么遥不可及的东西，它就在我们身边。生物的学习始于我们对周围生活的观察，正确的观察可以帮助我们准确地解决生物问题。

图书在版编目(CIP)数据

生物法庭. 9, 冰与郁金香 / (韩)郑玩相著；牛林杰等译.
—北京：科学普及出版社，2014
（有趣的数学法庭）
 ISBN 978-7-110-08265-2

 Ⅰ.①生… Ⅱ.①郑… ②牛… Ⅲ.①生物学－普及读物
Ⅳ.①Q1-49

中国版本图书馆CIP数据核字（2013）第107379号

Original title:과학공화국 생물법정 : 5 식물 비율
Copyright ©2007 by Jaeum & Moeum Publishing Co.
Simplified Chinese translation copyright ©2013 by Popular Science Press
This translation was published by arrangement with Jaeum & Moeum Publishing Co.
All rights reserved.

著作权合同登记号：01-2012-0259

作　　者　[韩] 郑玩相
译　　者　牛林杰　王宝霞　张懿田　孙飞翔　王道凤
　　　　　田润辉　唐恬恬　武青　刘欣　刘丽

出 版 人　苏　青
策划编辑　肖　叶
责任编辑　邓　文
封面设计　阳　光
责任校对　林　华
责任印制　马宇晨
法律顾问　宋润君

科学普及出版社出版
北京市海淀区中关村南大街16号　邮政编码：100081
电话：010-62173865　传真：010-62179148
http://www.cspbooks.com.cn
科学普及出版社发行部发行
鸿博昊天科技有限公司印刷
＊
开本：630毫米×870毫米 1/16 印张：9.5 字数：152千字
2014年1月第1版　2014年1月第1次印刷
ISBN 978-7-110-08265-2/Q·154
印数：1—10000册　定价：18.00元